色彩妆容365

摩天文传 著

中国纺织出版社

内 容 提 要

素面朝天已经不是现代女性的美丽标准，养护得细腻、紧致的肌肤，只需要一点淡妆就能够让面容更加精致，让气质变得更好。运用清新的苹果绿色进行局部点缀来塑造极具亲和力的面孔，优雅的藕色轻柔、温暖，能够打造出得体的轻熟女妆容，明朗的天蓝色则能够塑造出颇具视觉吸引力的妆容效果……学会运用不同的色彩，就会让自己每一天都缤纷、优雅。

图书在版编目（CIP）数据

色彩妆容 365 / 摩天文传著 . —北京：中国纺织出版社，2015.8
ISBN 978-7-5180-1514-6

Ⅰ.①色⋯　Ⅱ.①摩⋯　Ⅲ.①女性－化妆　Ⅳ.①TS974.1

中国版本图书馆 CIP 数据核字（2015）第 072068 号

策划编辑：金　昊　责任编辑：孙成成　责任校对：余静雯
责任设计：何　健　责任印制：王艳丽

中国纺织出版社出版发行
地址：北京市朝阳区百子湾东里 A407 号楼　邮政编码：100124
销售电话：010 － 67004422　传真：010 － 87155801
http://www.c-textilep.com
E-mail:faxing@c-textilep.com
中国纺织出版社天猫旗舰店
官方微博 http://weibo.com/2119887771
北京佳诚信缘彩印有限公司印刷　各地新华书店经销
2015 年 8 月第 1 版第 1 次印刷
开本 :710×1000　1/12　印张 :14
字数 :89 千字　定价 :39.80 元

凡购本书，如有缺页、倒页、脱页，由本社图书营销中心调换

前　言

古人以"粉黛"、"脂粉"来形容女子，可见化妆对于女性的重要性。父母给了我们无法改变的容貌，但我们却可以利用化妆技巧来"扬长避短"，让自己变得更加完美。色彩的世界变化无穷，由基本的红、黄、蓝三原色衍生出千变万化的缤纷彩色，让我们生活的世界更加多姿多彩。

将色彩搭配和光的原理应用到妆容上，以色彩的明暗对比修饰面部线条，针对亚洲女性的面部特征塑造更加立体和完美的妆容，这就是色彩的力量。本书是与经验丰富的化妆师倾力合作打造，采用图文对应的方式来教授和示范不一样的搭配法则，让你的妆容在 365 天里都保持不一样的耀眼神采！

从基础的护肤方法到上妆技巧，从简单的日常妆容到不同场合的化妆要点，从单一的色彩使用到多种色彩搭配，本书为你一一呈现出简单、清晰的图文教程。除此之外，更有贴心的"妆容贴士"教你用色禁忌和搭配技巧，带你进入变化无穷的色彩世界，教你轻松玩转色彩妆容，让你从"对美妆不了解"变成真正的"美妆达人"。

创作这本书的团队是摩天文传——国内知名的女性美容时尚类图书创作团队。他们常年为国内众多时尚杂志打造美容专栏，除了掌握最新的潮流资讯之外，还练得一手制作图书的好功力。优秀团队的倾心创作，为读者呈现出简单、实用的彩妆教程，给广大女性带来福音，让你轻松变身时尚达人！

CONTENTS

Chapter 1 春季色彩妆容 多元呈现纯净透明肌质

Chapter 2 夏季色彩妆容
多彩迸发绽放辣日活力

Chapter 3 秋季色彩妆容
摆脱沉闷激活浪漫潜质

Chapter 4 冬季色彩妆容
立体改变塑造新我气场

Chapter 1 春季色彩妆容
多元呈现纯净透明肌质

　　面对春季易过敏的脸颊，你是否舍化妆而选择保护肌肤？其实只要妆前保养做得好，易过敏、红血丝等春季肌肤难题都能解决！从妆前保养到春季彩妆的色彩选择，我们会挑选经典的方案以及精致的妆容，让你在冬季离去之后有个如花般绽放的"色彩春季"。

春季 肌肤的妆前保养要诀

清新恬静的"森系风"最能展现出自然的气质，而素雅的色调和简约的款式则展现出最美的姿态，快来做个简单的"森系女孩"吧！

♥ 春季肌肤问题一扫光

适度性感、浪漫满分

不要以为春雨绵绵，肌肤就不会缺水。实际上，肌肤因为缺水而敏感是形成春季敏感肌最根本的原因。想摆脱肌肤敏感问题，保湿是最基本的工序。建议使用保湿效果好、低刺激性的化妆水。尤其是像北方地区的户外风沙大，室内又使用空调，因此不仅要在早晚洁面后进行日常保湿，还要随时补水，以做到万无一失。不过，切忌使用带有酒精、果酸等成分的化妆水，因为这些成分会对肌肤造成刺激。

让春季肌肤不缺水的方法

两季交替，皮肤很容易出现缺水的现象，因而春季一定要"喂饱"肌肤。在进行清洁之后，要立刻涂抹化妆水，足量的化妆水能够让你的肌肤瞬间"喝饱"水。同时，利用化妆棉贴于面部，再结合喷雾的使用，让肌肤在补水的同时感受到镇定与舒缓。选择化妆水的时候要注意，多些天然成分，远离酒精物质，这样才能更好地让肌肤在春季不缺水。

赶走红血丝，让肌肤更健康

如果脸上出现红血丝，说明你的肌肤已经变薄，是肌肤衰老的重要警示。这时候如果不注意防晒以及补水，肌肤就会迅速衰老，因此要养成涂抹防晒霜的习惯。但要注意一点，防晒产品的成分也是造成刺激敏感的因素之一，因此要在抹上基础护肤品后，再抹上防晒产品，且要尽量选择低过敏性的防晒产品。

唤醒"春困"肌肤大作战

春天温暖的天气容易让人犯困，肌肤保养不好也会令人看起来很疲倦，皮肤暗淡无光、角质层厚就是春困肌肤的明显表现。唤醒肌肤的第一步，就是要去除多余的老化死皮细胞，给经历了一个冬季的皮肤脱去厚厚的外套，加速血液循环，让皮肤能够深层呼吸，更好地吸收营养成分，从根部唤醒肌肤。

春季 适用的妆前保养美妆品

　　春季，肌肤敏感，容易产生不适，对于妆前保养要求更加高，选对了妆前保养品，在化妆的时候才会更加得心应手。

💗 单品推荐

① DHC 植物滋养化妆水

② Avène 舒护活泉喷雾

③ Uriage 保湿精华霜

④ Avène 红血丝修复精华

⑤ Clarins 温和去角质清洁霜

⑥ M.A.C 妆前乳液

⑦ Origins 水润畅饮保湿面膜

⑧ Clinique 液体洁面皂

⑨ Benefit 妆前保湿柔肤水

⑩ Fresh 馥蕾诗黄糖极致面膜

⑪ Fancl 防晒隔离露

⑫ Innisfree 生机蜜柑维 C 臻白
　　毛孔细嫩双重精华乳

春季 妆容整体配色建议

净透——珠光白色　以白养白打造白皙瓷肌妆

　　白色总能给人以安静、柔美之感，用白色的素净、轻柔打造春日妆容，同样能够展现出缤纷的快乐气息。珠光白色能够将人的气质衬托得更加优雅、沉静，从而展现出女性的独特魅力。

♥ 净透的珠光白色妆容，打造出陶瓷般的光滑肌肤，柔和、简单的眼线和眼影，让眼妆变得更加轻柔、自然，再搭配以淡粉红色的唇膏，整体妆容更显柔美。

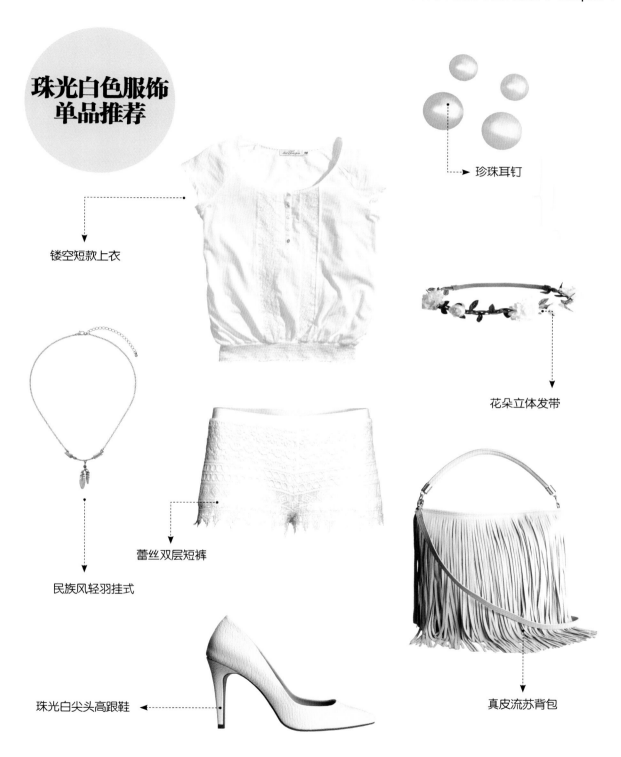

珠光白色服饰
单品推荐

珍珠耳钉

镂空短款上衣

花朵立体发带

民族风轻羽挂式

蕾丝双层短裤

珠光白尖头高跟鞋

真皮流苏背包

珠光白色系妆容步骤分解

♥ Step 1

首先取适量的隔离霜以点、拍的方式均匀地涂抹于面部。

♥ Step 2

再用粉底刷把粉底霜均匀地涂刷在面部。

♥ Step 3

接着用蜜粉刷将粉底轻轻地涂刷在面部。

♥ Step 4

在鼻梁上方使用一层高光粉。

♥ Step 5

两侧脸颊处也进行高光提亮。

♥ Step 6

用眼影刷将珠光白色的眼影涂刷在上眼睑。

♥ Step 7

下眼睑也同样使用珠光白色的眼影。

♥ Step 8

用眼线笔画出流畅的上眼线。

♥ Step 9

接着使用纤长型睫毛膏涂刷在睫毛。

❤ **Step 10**
用腮红刷将粉红色的腮红涂刷
在颧骨处。

❤ **Step 11**
使用唇刷将浅橘色唇彩轻轻地
涂抹在唇部。

❤ **Step 12**
继续使用浅橘色唇彩，在唇部
进行第二次涂抹即可。

❤ **妆容贴士**

　　如果眼妆是相对干净的
珠光白色，那么唇色最好也
选择浅色系，与眼妆相互呼
应，看起来不会显得突兀。

❤ **单品推荐**

① Anna Sui 唇彩

② Shiseido 时尚色绘尚质粉霜

③ Lily Lolo 四色眼影盘

④ Witchery 造型睫毛膏

⑤ Shu Uemura 手绘眼线笔

清新——苹果绿色　局部点缀塑造亲和面孔

　　代表着健康和活力的苹果绿色，是生命力的象征，能够给人带来放松和舒适的感觉。苹果绿色带有春天的清新气质，同时也带有一丝夏日的活泼感，能够将你打造成春季里的活力少女。快来愉快地享受轻快、温暖的春天吧！

　　♥ 眼尾处淡淡的苹果绿色流露出青春、活泼的气质，搭配珠光白色的眼影，让眼妆变得更加明亮、清新。一抹桃红色的润泽唇色，更是增添了整体妆容的明朗度，让彩妆效果更显别致。

苹果绿色服饰单品推荐

鲨鱼角手链

蝴蝶结白色衬衫

荷叶边高腰短裤

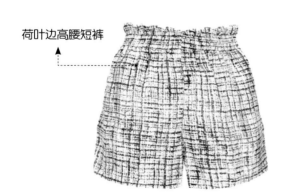

羊毛针织开衫

黑色磨砂质感铆钉手机壳

木底及踝短靴

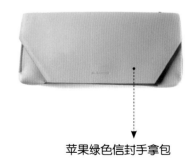

苹果绿色信封手拿包

苹果绿色系妆容步骤分解

♥ **Step 1**

首先用粉底刷将粉底液均匀地涂刷在面部。

♥ **Step 2**

然后,再用大号的蜜粉刷将粉底涂刷得更加均匀。

♥ **Step 3**

在鼻子上方,轻轻涂刷一层高光粉。

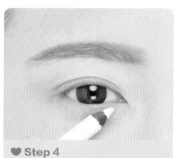

♥ **Step 4**

将高光液涂抹在眼角处,以提亮眼部色泽。

♥ **Step 5**

用眼影棒将绿色眼影涂抹在眼角处。

♥ **Step 6**

再用眼影刷将绿色的眼影轻轻晕开。

♥ **Step 7**

在眼头的部位,使用珠光感金色眼影。

♥ **Step 8**

用黑色的眼线笔画出线条流畅的上眼线。

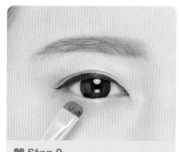

♥ **Step 9**

在下眼睑处,涂抹珠光感金色的眼影。

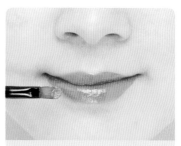

❤ **Step 10**
在上睫毛处粘贴一层假睫毛，粘上后再用镊子轻轻调整。

❤ **Step 11**
用腮红刷将粉红色腮红斜刷在颧骨处。

❤ **Step 12**
最后，将唇彩均匀地涂刷在唇部即可。

❤ **妆容贴士**

淡淡的苹果绿色眼影搭配珠光白色的眼影，让眼妆变得更加明亮、清新。一抹桃红色的润泽唇色，提高了整体妆容的明朗度，让彩妆效果更加亮丽、自然。

❤ **单品推荐**

① YSL（Yves Saint Laurent）
超长眼线笔

② Benefit 阳光天使蜜粉

③ YSL（Yves Saint Laurent）
5 色眼影盘

④ Dior 惊艳旋翘睫毛膏

⑤ M.A.C 细致眉笔

纯净——杏色　柔和色泽塑造好感妆容

　　柔和的杏色给人以自然、亲切之感，俏皮的少女妆容加上杏色的渲染，更是让少女多了一分优雅精致，也为冰雪消融的初春带来一抹柔和甜蜜的暖意。

　♥ 柔和的色调给人以自然、亲切之感，眼部使用的杏色眼影使眼妆看起来轻柔、淡雅，同时增加了眼部的轮廓感，让眼睛变得更加明亮有神。

杏色服饰单品推荐

雪纺蝴蝶结发饰

波点雪纺围巾

简洁廓型礼裙

杏色墨镜

白色珠宝项链

镀金链条包

粗跟牛皮鞋

杏色系妆容步骤分解

♥ Step 1
用粉底刷将粉底液均匀地涂抹在面部肌肤上。

♥ Step 2
选择米色眼影铺开眼窝，做眼妆的打底工作。

♥ Step 3
同样选择米色眼影，用小号的眼影刷轻扫在卧蚕处。

♥ Step 4
蘸取浅粉色眼影从眼尾开始轻扫晕染。

♥ Step 5
蘸取少量哑光红色眼影在眼尾加深渲染。

♥ Step 6
用眼影刷蘸取浅粉色眼影在下眼线三分之一处小面积渲染。

♥ Step 7
选择笔触细腻的眼线液描绘出一条加长眼尾的眼线。

♥ Step 8
上睫毛用睫毛膏轻刷，让睫毛更纤长。

♥ Step 9
选择笔触细腻的眼线液描绘出一条眼尾上扬的眼线。

♥ Step 10
选择杏色腮红，轻扫在苹果肌处，范围可以大一些。

♥ Step 11
使用遮瑕膏对唇部遮瑕，遮盖唇线降浅唇色。

♥ Step 12
唇彩可选择与腮红同色系的杏色，让妆面更柔和。

♥ 妆容贴士

　　杏色系女孩的懵懂和小心思只需淡淡的、柔和的色调即可展现出自己本身的姣好容貌，如果希望看起来更有精神，可以使用有珠光感的眼影来提亮妆容。

♥ 单品推荐

① Chanel 晶亮唇蜜

② CPD 春季彩妆四色眼影

③ Bobbi Brown 漾香胭脂

④ Bobbi Brown 流云眉粉笔

⑤ M.A.C 双头造型眉笔

朝气——柠檬黄色　出其不意的用色点亮五官

　　明快、跳跃的色泽让柠檬黄色更具鲜活、立体的视觉冲击力，极具青春、活泼的气质，让人散发出轻松、跳跃的气息。除了能够彰显春日的精彩活力，柠檬黄色同样能够打造出优雅、别致的造型。

　♥ 别致的眼部色彩让妆容变得更加特别。柠檬黄色并没有让眼妆变得别扭，反而让眼睛更加清新、明亮，搭配同样明快的橘色系唇色，整体妆容变得更加活泼、可爱。

柠檬黄色服饰
单品推荐

春季碎花发带

"男友风" T 恤

复古圆形墨镜

双色纯棉短裤

糖果粉色剑桥包

粉色钻石手表

Nike 运动鞋

柠檬黄色系妆容步骤分解

♥ Step 1

首先用粉底刷将粉底液均匀地涂抹在面部四周。

♥ Step 2

然后再用大号的蜜粉刷将粉底涂刷得更加均匀。

♥ Step 3

用棕色的眉笔画出眉毛的形状，眉峰处要画得柔和一些。

♥ Step 4

然后再用棕色的染眉膏调整眉毛的整体色泽。

♥ Step 5

用眼影刷将柠檬黄色的眼影涂刷在上眼睑处。

♥ Step 6

下眼睑处同样使用柠檬黄色的眼影，用眼影刷进行涂抹。

♥ Step 7

用眼线笔画出自然、流畅的上眼线，眼尾处线条微微上扬。

♥ Step 8

外眼角的下端可使用珠光感金色眼影，将眼部轮廓向外微微延长。

♥ Step 9

用腮红刷将腮红轻轻涂刷在颧骨的位置。

♥ Step 10
用高光刷轻轻蘸取珠光感金色眼影。

♥ Step 11
然后，将眼影轻轻地涂刷在眼睛正下方的位置。

♥ Step 12
最后，选择橘色系明亮感的唇膏，在唇部均匀涂抹。

♥ 妆容贴士

柠檬黄色并没有破坏眼妆的协调感，反而使妆容变得更加特别，让眼睛更加清新、明亮，搭配同样明快的橘色系唇色，整体妆容变得极具活泼、可爱之感。

♥ 单品推荐

① Maybelline New York 橙色唇彩

② Urban Decay Electric 压缩眼影粉眼影盘

③ Dior 斑斓色彩腮红

④ NARS 绝世大眼防水睫毛膏

⑤ Armani 高度塑型眉笔

清爽——薄荷绿色　新意色调打造春日容颜

　　清爽的薄荷绿色并不是夏日的专属，而同样适合于表现春天的通透、清爽。清新的色调可以让人变得更加轻快，就像鲜嫩的芳草一般清爽、干净。如果你想要在芬芳中多一份清爽，那么薄荷绿色就再适合不过了。

🖤一抹淡淡的薄荷绿色，让眼妆充满清爽活力，搭配珠光白色眼影，让眼部色泽更加明亮。粉嫩的腮红让人充满甜美、可爱之感，晶莹、润泽的唇色让整体显得清新、饱满。

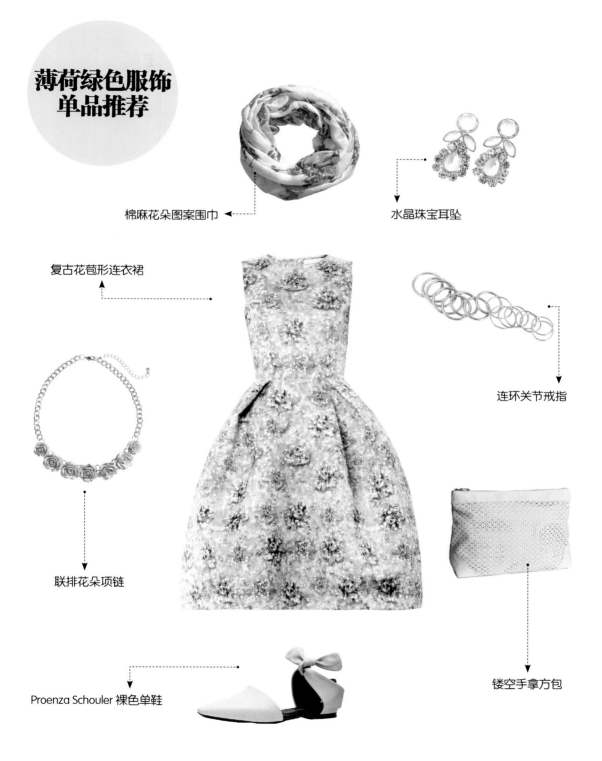

薄荷绿色服饰
单品推荐

棉麻花朵图案围巾

水晶珠宝耳坠

复古花苞形连衣裙

连环关节戒指

联排花朵项链

镂空手拿方包

Proenza Schouler 裸色单鞋

薄荷绿色系妆容步骤分解

❤ **Step 1**

将粉底液点在面部之后，再用粉底刷均匀地涂抹。

❤ **Step 2**

然后，用大号的蜜粉刷将粉底涂刷得更加均匀。

❤ **Step 3**

用高光粉对鼻子部位进行提亮处理，使其更加立体。

❤ **Step 4**

脸颊两侧同样使用高光粉进行提亮处理，轻轻涂刷即可。

❤ **Step 5**

用眼影刷蘸取薄荷绿色的眼影，蘸取适量，不必过多。

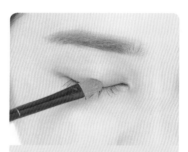

❤ **Step 6**

然后，将眼影涂刷在上眼睑，使用横向来回涂刷的方法。

❤ **Step 7**

使用细头的眼影刷，在眼尾处再涂刷一层绿色眼影。

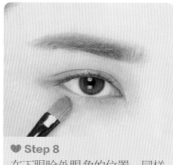

❤ **Step 8**

在下眼睑外眼角的位置，同样轻轻地涂刷一层绿色眼影。

❤ **Step 9**

接着使用具有纤长、浓密效果的睫毛膏，仔细地涂刷上睫毛。

♥ **Step 10**

用腮红刷将粉色的腮红以斜刷的方式涂抹在颧骨处。

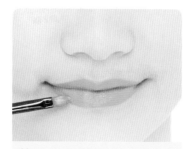

♥ **Step 11**

唇色同样选择淡粉色，用唇刷均匀地涂抹在唇部。

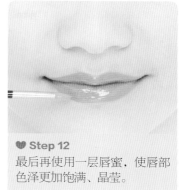

♥ **Step 12**

最后再使用一层唇蜜，使唇部色泽更加饱满、晶莹。

♥ **妆容贴士**

薄荷绿色绝对是少女妆容的必杀技，不张扬但足够清亮，不沉闷却适可而止，再搭配粉嫩的腮红，甜美、可爱的感觉瞬间满值。

①

②

♥ **单品推荐**

③

④

① Dior 魅惑唇彩

② Guerlain 莹彩修容双色腮红

③ Dior 五色眼影组合

④ CPB（Clé de Peau Beauté）防水眼线凝霜

⑤ Too Faced 双头眉笔

透亮——水蓝色　局部冷色塑造透亮肌感

　　清新、透亮的水蓝色为春日带来了一抹利落的笔触，冷色调的水蓝色并不会让人觉得冰冷而有距离，反而更带来一股透亮的明快感，让春天的敏感空气里多了几分冷峻的色泽，利落却不失气质。

💙 水蓝色的眼影为眼妆带来利落的冷酷感，而浓密的睫毛和纤柔的眼线却为妆容增添了几分柔美，冷峻的色泽中带有明快的透亮感，橘色系的唇色让妆容更显饱满。

水蓝色服饰单品推荐

Kenzo 绣字棒球帽

Tom Binns 扣针手链

单宁连身裙

金属质感耳机

薄荷绿色链条手表

骷髅头元素背包

Nike 拼色运动鞋

水蓝色系妆容步骤分解

♥ **Step 1**

用手指轻轻蘸取粉底液，然后均匀地涂抹在面部。

♥ **Step 2**

接着用大号的蜜粉刷蘸取蜜粉，轻轻地涂刷在面部。

♥ **Step 3**

用高光刷将高光粉轻轻涂刷在脸颊的位置。

♥ **Step 4**

然后，用棕色眉笔画出眉毛的整体轮廓。

♥ **Step 5**

接下来，再用同色系的染眉膏将眉毛的颜色涂刷均匀。

♥ **Step 6**

选择水蓝色的眼影，用眼影刷均匀地涂刷在上眼睑。

♥ **Step 7**

眼尾部位需再加强一层眼影，用较小的眼影刷进行涂抹。

♥ **Step 8**

用细头的眼影刷蘸取水蓝色眼影，涂刷在眼线的位置。

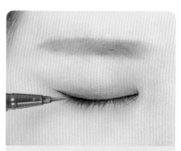

♥ **Step 9**

在下眼线靠近眼尾的部分，也需要刷一层水蓝色的眼影。

♥ Step 10

接着粘贴假睫毛，用镊子调整好假睫毛的位置。

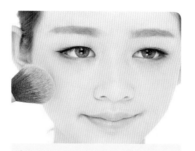

♥ Step 11

用腮红刷将腮红涂刷在颧骨处，打造清新的好气色。

♥ Step 12

选择橘色系的唇膏，用唇刷均匀地涂抹在唇部。

♥ 妆容贴士

利落、冷酷的水蓝色眼妆，搭配浓密的睫毛和纤柔的眼线，为妆容带来了几分柔美。冷峻的色泽中带有明快的透亮感，而橘色系的唇色显得柔和、饱满。

♥ 单品推荐

① Benefit 自然派浓密假睫毛

② Dior 五色组合眼影

③ Estée Lauder 流光溢彩腮红

④ Etude House 染眉膏

⑤ Guerlain 丰盈睫毛膏

优雅——藕色　轻柔暖色打造轻熟女妆容

　　暖色系的藕色，让人变身气质型轻熟女，恰到好处的柔和色调，使整体造型更显优雅。藕色非常适合表现春天的柔美感，同时在缤纷的色泽中保持自身的安静气质，又不会过于花哨。

❤ 裸色系的藕色眼影，搭配以轻柔的底妆以及裸色的唇色，整体妆容轻柔且优雅，十分贴合轻熟女的独特气质。

藕色服饰
单品推荐

绿松石珠宝流苏耳环

裸色雪纺衬衫

白色短款小西装

A 型高腰短裤

粉色钻石手表

镂空手拿方包

粗跟木底踝靴

藕色系妆容步骤分解

♥ Step 1
用眼线笔从内眼角处开始画内眼线。

♥ Step 2
画至瞳孔正上方时加粗 1~2mm 的宽度。

♥ Step 3
上眼线顺势延长 4~5mm，并确保末端流畅、细致。

♥ Step 4
用眼影刷蘸取带珠光感效果的米色眼影。

♥ Step 5
将眼影涂刷在眼珠凸起的位置并向左右自然过渡。

♥ Step 6
选择金属色调的橘色眼影作为眼尾的点缀色。

♥ Step 7
从瞳孔正上方的眼线根部位置向后加宽并延长。

♥ Step 8
选择使睫毛根根分明的黑色睫毛膏将睫毛刷翘。

♥ Step 9
刷头竖拿，只刷下睫毛的末端以加长下睫毛。

Step 10

选择粉色唇膏依照原始唇形进行勾勒。

Step 11

用水蜜桃色唇彩重点加强下唇饱满度。

Step 12

选择粉色腮红以大面积提扫方式从颧骨扫至太阳穴。

妆容贴士

　　如果不想总被人当作小孩看待，可以利用妆容使自己"成熟"起来，轻柔的藕色眼影显得端庄、娴静，是打造智慧型气质美女的不二选择。

①

②

单品推荐

③

④ ⑤

① Benefit 原地待命眼部底霜

② Guerlain 莹彩修容双色腮红

③ Aerin 花朵腮红

④ Dior 自然保湿唇彩

⑤ NARS 女王眼线胶笔

自信——橄榄绿色　特选深色打造春季渐层式烟熏妆

　　清爽的橄榄绿色，让整体妆容充满春天的清新气息，给人带来明朗、自信的印象，同时修饰出健康的肤色。春日里的橄榄绿色和盛放的万物一样富有生命力，带人融入明快的春日世界里。

　　♥ 微微加深的渐层式烟熏眼影，让眼妆在清爽的橄榄绿色中又带了几分妩媚的气息。用珠光白色眼影提亮烟熏色泽，再搭配以明亮的唇色，整体妆容清爽、利落且不失浪漫感。

橄榄绿色服饰
单品推荐

复古波点发带

太空棉格子花纹拼接卫衣

复古祖母绿珠宝项链

黑宝石粗手链

纱网蓬蓬裙

铆钉蝴蝶结厚底鞋

铆钉手拿包

橄榄绿色系妆容步骤分解

❤ **Step 1**
先画一条基础眼线，中后段适度加宽以突出眼部神采。

❤ **Step 2**
加强眼尾的上翘度，注意不要过度延长。

❤ **Step 3**
选择珠光白色作为瞳孔上方的提亮色使用。

❤ **Step 4**
将珠光白色眼影扫在眼球凸起处并稍稍向眼头上方带过。

❤ **Step 5**
选择浅绿色的眼影用来消除眼皮泛红。

❤ **Step 6**
以眼球凸起处为中间点，呈三角形晕扫并向两边过渡。

❤ **Step 7**
选择较深的橄榄绿色作为强调眼窝的深色使用。

❤ **Step 8**
叠扫在眼线根部并且在眼尾重点加宽，强调眼尾凹度。

❤ **Step 9**
选择金色作为下眼影的阴影色使用。

💜 **Step 10**

将金色眼影紧贴睫毛根部从眼尾往瞳孔下方晕扫，眼头位置留白。

💜 **Step 11**

用睫毛膏将睫毛刷翘，眼尾需多次涂刷以营造浓密感。

💜 **Step 12**

注意下睫毛只刷尖端即可，这样可以确保根部不晕染。

💜 **妆容贴士**

在清爽的橄榄绿色中，逐渐晕染、加深形成渐层式烟熏眼影，用珠光白色眼影提亮眼部色泽，以增加眼妆的妩媚气息，搭配明亮的唇色让妆容脱离厚重感，更显清爽、利落。

①

②

💜 **单品推荐**

③

④

⑤

① Guerlain 彩色珍珠蜜粉

② Sephora 多彩眼影盒

③ CPB（Clé de Peau Beauté）3 色眉粉

④ Burberry 自然唇彩

⑤ Revlon 经典长效保色眼线液

解决 春季妆容烦恼

脸颊过敏泛红如何通过底妆修饰

♥ Step 1
用化妆棉蘸取柔肤水，轻拍在面部。

♥ Step 2
然后取适量精华液于指尖，轻轻涂抹在面部。

♥ Step 3
接着再涂抹面霜，用指腹轻轻涂抹在面部。

♥ Step 4
使用隔离霜，同样先取适量进行涂抹。

♥ Step 5
然后再使用防晒霜，均匀地涂抹于面部。

♥ Step 6
用粉底刷将粉底液涂抹均匀。

♥ Step 7
对眼周肌肤进行遮瑕，使肌肤看起来更细腻。

♥ Step 8
最后，用大号的蜜粉刷轻轻涂刷一层蜜粉。

♥ 秘诀

春季皮肤容易出现过敏、泛红的现象，那么在上底妆之前一定要使用隔离霜和防晒霜，从而通过肌肤隔离和防晒措施保护肌肤，避免其受到光线的伤害。

易显眼肿的浅色眼影该如何正确运用

♥ Step 1

首先使用具有帮助消除浮肿作用的眼霜。

♥ Step 2

然后，用指腹轻轻地按压眼周的肌肤。

♥ Step 3

用粉底刷将粉底液均匀地涂抹在面部和眼周。

♥ Step 4

用蜜粉刷在眼周刷上一层蜜粉。

♥ Step 5

然后用眼影刷将带有珠光感的浅棕色眼影涂刷在上眼睑。

♥ Step 6

再将浅棕色眼影涂刷在眼头靠近鼻梁的位置。

♥ Step 7

眼尾处同样使用浅棕色眼影进行色泽的加强。

♥ Step 8

最后，再用黑色的眼线笔画出流畅的上眼线。

♥ 秘诀

浅色眼影容易使眼妆看起来浮肿，所以在画眼影时可以在双眼皮轮廓区域涂刷一层同色系深色眼影。同时，清晰的黑色眼线也可以很好地突出眼妆效果。

怎么让裸妆既清淡又能突出好气色

♥ Step 1

首先使用爽肤喷雾，轻轻喷洒在面部。

♥ Step 2

接下来使用柔肤水，让面部肌肤更加柔和。

♥ Step 3

然后使用隔离霜，取适量于指腹再轻轻涂抹。

♥ Step 4

接着用粉扑将粉饼均匀地涂抹在面部。

♥ Step 5

用大号的蜜粉刷将蜜粉涂刷在面部。

♥ Step 6

用腮红刷将腮红以斜刷的方式涂刷在颧骨处。

♥ Step 7

在鼻梁处使用高光粉，可用高光粉刷来轻轻涂刷。

♥ Step 8

最后，在两侧脸颊处轻轻涂刷一层高光粉。

♥ 秘诀

裸妆的要点是妆容质薄、清透，有妆似无妆，所以在上粉底时只需轻轻涂刷一层来提亮肤色即可，腮红和唇彩也尽量选择浅色系的比较好。

在不使用阴影粉的情况下如何强调面部轮廓

♥ Step 1

首先取适量隔离霜于指尖，再均匀涂抹于面部。

♥ Step 2

接着用粉底刷将粉底均匀地涂刷在面部。

♥ Step 3

对脸颊两侧以及下颌处，进行仔细涂刷。

♥ Step 4

在鼻梁处，仔细涂刷粉底使肌肤更显细腻。

♥ Step 5

用大号的蜜粉刷将蜜粉涂刷在面部四周。

♥ Step 6

接着在鼻梁处使用高光粉，可用高光粉刷轻轻涂抹。

♥ Step 7

用腮红刷将腮红斜刷在颧骨处。

♥ Step 8

最后再将莹润、亮泽的唇膏涂抹在唇部即可。

♥ 秘诀

在面部使用阴影粉的时间过长就会容易"花"妆，所以日常妆容只需要在鼻子等面部的突出部位使用高光粉来提亮色泽就可以了，同样可以达到强调面部轮廓的目的。

Chapter 2　夏季色彩妆容

多彩迸发绽放辣日活力

到了热情似火的夏季，你是否因为肌肤爱出油而选择素颜出门？为了保证妆容不"花"，妆前保养是关键！爱出油的肌肤怎么上妆？如何打造清凉防水妆？从色彩出发，让你无论身在哪个场合，都能拥有最适合夏天的色彩妆容！

夏季 肌肤的妆前保养要诀

炎热的夏季肌肤也很难经受高温的考验，容易出现各种肌肤问题，为化妆带来了些许难题，甚至严重影响底妆的效果。

♥ 夏季肌肤问题一扫光

赶走油腻，让肌肤更清爽

皮肤出油的原因一般都是外油内干，是由于肌肤缺水引起的。因此，要想控油，就要先补水。除了每周定期做补水面膜外，一款保湿乳液也是非常有必要的。认为肌肤油是因为水分过多引起的，进而就省掉涂抹保湿乳液这一步骤，这样的观念是不对的。此外，随身带一瓶补水喷雾也是非常必要的。

清理粉刺黑头，打造夏日无暇肌

毛孔粗大与粉刺黑头太多都会让底妆显得不平滑，打了粉底之后肌肤看起来仍是凹凸不平的。为了让底妆更光滑、清透，就要将粉刺黑头清理干净。建议选择具有深层清洁能力的洁面乳以及面膜，将黑头粉刺清除，然后选择有收敛功效的爽肤水将毛孔缩小。需要注意的是，如果你使用鼻贴，一定要选择无刺激、不含酒精成分的爽肤水收敛毛孔，否则毛孔会越来越大。

预防痤疮是妆前保养重点

痤疮的起伏比黑头粉刺还要大得多，就算用猪油膏也不能将其抹平。夏日预防痤疮最好的方法就是做好面部清洁。每日早晨要用冷水、晚上要用热水各洗脸一次，这样可使面部受到冷、热水的刺激以促进面部血液循环，有利皮脂排泄。除了保持皮肤洁净外，每天充足的睡眠更能让肌肤变得细腻有光泽。

妆前防晒，预防肌肤衰老

紫外线是加速肌肤衰老的元凶之一，夏日是紫外线最强的季节，所以为了自己的肌肤保持年轻活力，要做好妆前防晒。如果你当天要化妆出门，最好提前涂抹好防晒霜，不可临出门才涂防晒霜，要等肌肤吸收好了防晒霜后再上妆才能发挥它的防晒功效。防晒霜跟一般的护肤品一样，需要一定时间才能被肌肤吸收。所以，应在出门前 10~20 分钟涂防晒霜，而去海滩前则要提前 30 分钟就应涂好。

夏季 适用的妆前保养美妆品

面对夏季的烈日，妆前需要做好更多的防护工作，不仅要求肌肤清爽、干净，防晒功效也是妆前保养品的选择关键。

①

②

③

④

⑤

⑥

⑦

⑧

⑨

⑩

⑪⑫

💗 单品推荐

① Lancome 深层清洁面膜

② Clarins 平衡清洁乳

③ Shiseido 防晒润唇膏

④ Freeplus 控油调护乳液

⑤ Avène 清爽倍护无香料防晒霜

⑥ Kose Predia 海粹泉化妆水

⑦ Benefit 完美肌肤控油打底霜

⑧ Kiehl's 亚马逊白泥面膜

⑨ Kiehl's 黄瓜植物精华爽肤水

⑩ La Mer 精华面霜

⑪ Evian 矿泉水喷雾

⑫ Holika Holika 猪鼻子去黑头
3 步曲体验鼻贴

夏季 妆容整体配色建议

明朗——橙色　小面积使用就能激活面部光感

　　明朗的橙色是十二种色彩系列中最为跳跃和醒目的颜色，以橙色点缀妆容，只要一点点就能立刻激活面部光感。青春洋溢的跳跃感和活力四射的热情如同夏日里的热浪阵阵袭来，展现出女性热情和奔放的一面。

❤ 眼部的上色切忌过于厚重，因为对于橙色而言，用色过度就很容易形成浓妆艳抹的俗气感。如果觉得不够突出，可以选择同色系的橙色唇彩，使整个妆容亮眼又清新。

橙色服饰
单品推荐

绿松石卷边草帽

裸色宝石墨镜 ◀

简约几何手环

民族风轻羽挂式

橙色小雏菊碎花连衣裙

裸色哑光单鞋 ◀

小号圆筒包

橙色系妆容步骤分解

♥ Step 1
选择米色眼影铺开眼窝，做眼妆的打底工作。

♥ Step 2
同样选择米色眼影，用小号的眼影刷轻扫在卧蚕处。

♥ Step 3
在双眼皮褶皱处以及眼尾刷上橘色眼影，眼尾处拉长。

♥ Step 4
小号眼影刷蘸取橙色眼影沿着睫毛根部晕染下眼影。

♥ Step 5
选择笔笔细腻的眼线液笔，沿着睫毛根部描绘眼线。

♥ Step 6
假睫毛可以选择眼尾加长的款式，借助镊子粘上。

♥ Step 7
借助睫毛刷让真假睫毛粘合在一起，让睫毛更自然。

♥ Step 8
蘸取少量珠光在眼头提亮，让双眼更动人。

♥ Step 9
腮红选择与眼影同色系的橙色，轻扫在苹果肌处。

♥ Step 10

使用遮瑕膏对唇部遮瑕，遮盖唇线降浅唇色。

♥ Step 11

选择橘色唇彩，均匀地涂抹在唇部。

♥ Step 12

最后再用一层唇蜜，使唇部色泽更加饱满。

♥ 妆容贴士

　　下眼睑的眼影切忌过于厚重，橙色的眼影比较鲜亮，如果在下眼睑使用过多会让妆容显得过于浓重。如果想要减少妆容的浓重感，也可以选择在下眼睑眼尾处使用少许橙色眼影。

①

②

③

④

⑤

♥ 单品推荐

① Maybelline New York
　色彩印记眼影膏

② Stila 经典橘色腮红

③ Benefit 四色蜜粉

④ Lancome 菁纯透润唇膏

⑤ Kiss Me 凡尔赛玫瑰极细
　眼线笔

欢快——红橙色　鲜亮双唇的抢眼密招

　　欢快的红橙色让人立刻想到了夏日里最受欢迎的西瓜和橙子，在慵懒的夏日看到这两种颜色的结合体会不会让你的精神为之一振呢？鲜亮的红橙色轻轻松松点亮整个妆容，就像西瓜和橙子一样是这个夏天的必备元素之一！

❤ 跳跃的红橙色眼影流露出明朗、欢快的青春气息，突出的下眼影如同精灵般俏皮、可爱，同色系的唇彩增加了妆容的色彩饱和度，亮丽的色彩使得肤色看起来更加白皙动人。

红橙色服饰
单品推荐

碎花元素圆框墨镜

红橙色休闲背心

皮质编制手链

Topshop 红色指甲油

HM 红橙色哈伦裤

复古高防水台流苏鞋

藤编珠宝拼花链条包

红橙色系妆容步骤分解

♥ **Step 1**

先用手指取适量隔离霜均匀涂抹面部。

♥ **Step 2**

再将粉底液挤在手背上，便于使用。

♥ **Step 3**

接着用大号蜜粉刷将粉底液涂刷均匀。

♥ **Step 4**

在鼻梁上方由上至下、笔直地轻刷一层高光粉。

♥ **Step 5**

用眼影刷蘸取红橙色眼影轻轻刷满上眼睑。

♥ **Step 6**

在眼尾部分再刷一次眼影，加深眼影效果。

♥ **Step 7**

沿着眼部线条勾勒出眼线，在眼尾处微微延伸。

♥ **Step 8**

用与眼影同色的眼线笔沿着下眼睑画出下眼线。

♥ **Step 9**

用睫毛刷抵住睫毛，由里向外轻轻梳理涂抹。

♥ Step 10

在颧骨处横刷腮红，涂抹区域呈椭圆形。

♥ Step 11

用唇刷蘸取适量唇彩，均匀涂抹在唇部。

♥ Step 12

最后再用一层唇蜜，使唇部色泽更加饱满。

♥ 妆容贴士

亮丽的色彩使肤色看起来更加白皙、动人，跳跃的红橙色眼影和别出心裁的下眼影如同精灵般俏皮、可爱，而同色系的唇彩则增加了妆容的色彩饱和度。

♥ 单品推荐

① By Poppy 皇后红橙色唇彩

② 爱丽小屋魔幻 3D 高光粉

③ Benefit 留声机双色眉粉

④ Chanel 腮红霜

⑤ Maybelline New York 晶彩持久眼线膏

甜美——粉红色　综合运用粉红色塑造可人蜜桃妆

　　甜美的粉红色是萦绕在每一个女孩公主梦里的一抹挥之不去的印记。无论岁月怎样流逝，这一抹粉红色依然春意盎然，生动可人。以粉红色来塑造妆容，可以将你打造成夏日里的蜜桃公主。

　❤ 甜蜜的色彩感令整个妆容自然又清新，如同邻家妹妹般可爱、娇俏。同色系的眼影和唇彩使皮肤看起来更加粉嫩动人，达到轻松减龄的效果，洋溢着青春的活力和甜美的气息。

粉红色服饰
单品推荐

立体花朵发带

玫瑰金色戒指组

圆形金属亮片表

玫瑰金属项链

柔纱连身裙

手提两用背包

缎面藤底鞋

粉红色系妆容步骤分解

♥ Step 1
用粉底刷将粉底液均匀涂抹在面部。

♥ Step 2
用指腹蘸取粉红色眼影轻轻在眼睑处晕开。

♥ Step 3
用米色眼影沿着眼头至眼尾轻轻勾勒。

♥ Step 4
用眼影刷沿着眼睑再次涂刷一层粉红色眼影。

♥ Step 5
在上眼睑的眼角位置重复涂刷一层粉红色眼影，加强立体感。

♥ Step 6
沿着眼部轮廓勾勒眼线，并在眼尾处微微上扬。

♥ Step 7
在下眼睑处，用眼影刷轻轻刷一层阴影粉。

♥ Step 8
蘸取阴影粉，从眉头刷到鼻子中间。

♥ Step 9
在颧骨处横刷腮红，涂抹区域呈椭圆形。

💜 **Step 10**

选择茶色的眉笔修饰眉毛的线
条和眉形。

💜 **Step 11**

用浅棕色的染眉膏涂刷眉毛。

💜 **Step 12**

最后，用粉红色的口红均匀地
涂抹唇部。

💜 妆容贴士

　　浅淡的眼影和唇彩使
皮肤看起来更加粉嫩动人，
甜蜜的色彩感令整个妆容自
然、清新，从而达到轻松减
龄的效果。

① 　②

💜 单品推荐

③

④　⑤

① Benefit 原地待命眼部底霜

② Benefit 高光修饰液

③ Lancome 明亮柔滑单色眼影膏

④ Maybelline New York 飞箭睫毛膏

⑤ Dior 液态眼线笔

恬淡——蓟色　尝试既个性又恬淡的惊喜用色

　　蓟色总是给人一种恬淡、纯粹的感觉，浅到极致的紫色又不失其独具一格的特点。这样的清浅虽然清淡却别有一番风味，也许在太多的绚丽色彩中，这一抹蓟色会给你带来意想不到的惊喜。

　　♥ 清新的蓟色与大地色系的浅棕色眼影搭配，大方而不失优雅，给人一种温润如玉的感觉，再搭配明亮的桃红色唇彩，整个妆容在平稳之中又融入了一抹个性色彩，恬淡却不会沉闷。

**蓟色服饰
单品推荐**

暗纹白色短 T 恤

红白拼色墨镜

几何元素连环戒指

简约大小圆形手环

蓟色半身裙

碎花棒球帽

蝴蝶结元素单鞋

蓟色系妆容步骤分解

♥ Step 1
首先将粉底液挤在指腹上，然后再均匀地点涂在面部。

♥ Step 2
接下来用大号的蜜粉刷将粉底涂刷得更加均匀。

♥ Step 3
用眉粉刷刷出眉毛的形状和轮廓，眉尾处也要描绘一下。

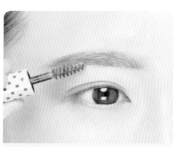

♥ Step 4
然后用棕色的染眉膏调整眉毛的整体色泽。

♥ Step 5
蘸取适量阴影粉，从眉头开始刷到鼻子中间。

♥ Step 6
可在下颌有明显棱角的部位涂刷阴影粉修饰。

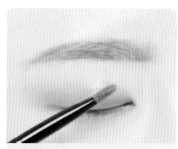

♥ Step 7
用眼影刷从眼角沿着眼部线条刷一层蓟色眼影。

♥ Step 8
在蓟色眼影外刷一层浅棕色珠光眼影，并在眼尾处延伸一些。

♥ Step 9
同样用浅棕色珠光眼影，沿着下眼睑线条薄刷一层。

♥ Step 10
用黑色的眼线笔画出流畅的上
眼线，并在眼尾处线条微扬。

♥ Step 11
接着用大号腮红刷将粉红色腮
红斜刷在颧骨处。

♥ Step 12
最后选择极具明亮感的桃红色
系唇彩，均匀涂抹在唇部。

♥ 妆容贴士

　　这一款妆容的眼线一定
要纤细并微微上扬，搭配桃
红色的唇彩才能够展现优雅
气质。过于平直的粗眼线会
让眼妆的精致感减分，同时
整体妆容的效果也会显得比
较粗糙。

♥ 单品推荐

1 YSL（Yves Saint Laurent）
  芭比娃娃唇膏

2 Dior 健康光彩醒肤腮红

3 Anna Sui 限量眼影盘

4 Benefit 以假乱真睫毛膏

5 Maybelline New York
  眼线笔

67

开朗——天蓝色　彩色眼线打造抢眼妆效

　　开朗、明媚的天蓝色如同突降大雨后的天空般清爽、干净，不掺一丝杂质的清透感给人一种张开双手想要拥抱的感觉。这样的天蓝色不仅不会让人觉得冷峻，反而更多了一份自然、亲切的好感。

❤ 除了浓重的烟熏妆，大胆的色彩运用同样能够打造抢眼的妆效。如天空般明亮的天蓝色饱和度极高，在任何地方都能引人注目，用它来画眼线既不过分夸张又能轻松吸引注意力。

天蓝色服饰单品推荐

玳瑁色复古眼镜

蓝白条纹 T 恤

Vanities 拼接平檐帽

珠光蓝色腕表

紧身牛仔裤

英伦风邮差包

► 花朵元素帆布鞋

天蓝色系妆容步骤分解

♥ **Step 1**
首先将粉底液均匀地点涂在面部，再用指腹轻轻晕开。

♥ **Step 2**
然后再用大号的蜜粉刷将粉底涂刷得更加均匀。

♥ **Step 3**
接着用棕色的眉笔描出眉毛的基础形状和轮廓。

♥ **Step 4**
再用棕色的染眉膏调整眉毛的色泽，提亮眉色。

♥ **Step 5**
选择大地色系的眼影，用眼影刷涂刷在上眼睑。

♥ **Step 6**
蘸取天蓝色眼影，沿着眼部轮廓画眼线，眼尾处线条上扬。

♥ **Step 7**
在眼尾处另描一条眼线，与眼尾上扬的眼线连接起来。

♥ **Step 8**
用眼影刷将珠光白色眼影涂刷在下眼角，提亮眼妆效果。

♥ **Step 9**
接着使用大地色系眼影沿着睫毛根部轻轻描绘一层眼影。

♥ Step 10

将假睫毛粘贴好，可用镊子调整假睫毛的位置。

♥ Step 11

选择粉色的腮红，用腮红刷以斜刷的方式涂刷在颧骨处。

♥ Step 12

最后选择桃红色的唇彩，用唇刷均匀地涂抹在唇部。

♥ 妆容贴士

　　天蓝色的眼影是妆容的重点，眼尾处上扬的蓝色眼线要长度适中，如果描画过长或是渲染的范围过大，则会有舞台妆的效果，整体妆容就会显得比较夸张。

♥ 单品推荐

①　Holika 幻想爱可爱腮红

②　Stila 海滩系列彩盘

③　Kiss Me 凡尔赛魅惑美艳大眼假睫毛 11 号

④　Lancome 迷恋唇膏

⑤　Dior 惊艳旋翘睫毛膏

动人——桃红色　唇颊呼应打造过目不忘约会妆

　　诗里说"人面桃花相映红"，以桃花来形容豆蔻年华的少女最恰当不过，所以桃花妆能够风靡至今。桃红色的妆容明丽动人，既有少女的娇羞，也不乏女性的魅力，绝对是令人过目不忘的约会妆。

💗 桃红色的眼影让双眸更加楚楚动人，惹人怜爱。同色系的腮红和唇彩相呼应，将白嫩的肌肤衬托得更加透亮，使宛若桃花般清丽、迷人的妆容得以展现得淋漓尽致。

桃红色服饰
单品推荐

立体感无袖T恤

花朵耳坠

白色珠宝组合项链

栀子花编织发带

蕾丝 A 型中长裙

尖头系踝高跟鞋

白色水饺包

桃红色系妆容步骤分解 ♥

♥ Step 1

首先用粉底刷将粉底液均匀地涂刷在面部。

♥ Step 2

再用大号的蜜粉刷将粉底涂刷得更加均匀。

♥ Step 3

用高光刷将高光粉轻轻涂刷在鼻梁上方。

♥ Step 4

选择桃红色眼影，用眼影刷轻刷在眼尾上方。

♥ Step 5

然后再用珠光白色的眼影从眼角开始刷满上眼睑。

♥ Step 6

用小号眼影刷蘸取桃红色眼影，沿着上眼皮描绘至眼尾。

♥ Step 7

用黑色眼线笔在桃红色眼线的基础上描绘出极细的眼线。

♥ Step 8

用眼影刷蘸取同样的珠光白色眼影，将其涂刷在下眼角位置。

♥ Step 9

建议采用横向涂抹睫毛膏的方式，这样不会令睫毛粘在一起。

♥ Step 10
选择桃红色的腮红，用腮红刷斜刷在颧骨处。

♥ Step 11
用唇刷蘸取桃红色的唇膏，均匀地涂抹在唇部。

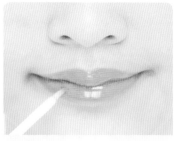

♥ Step 12
最后涂抹一层透明的唇蜜，令双唇看起来更加晶莹、饱满。

♥ 妆容贴士

对上眼睑处桃红色眼影和珠光白色眼影的处理手法还不够娴熟的话，可以在上好妆之后，用棉签棒在两种眼影的相交处轻轻涂刷，使其更加均匀、自然。

①

②

♥ 单品推荐

③

④ ⑤

① M.A.C 高光腮红

② Shiseido 双色眉膏

③ Dior 五色组合眼影

④ Banila Co. 限量款猫咪口红

⑤ Make Up For Ever 防晕持久眼妆底霜

性感——樱桃红色　饱满用色挑战美唇极限

　　樱桃红属于美艳的颜色，但是却也有着清纯的味道哦，樱桃红唇搭配上日系原宿风的眼妆，不同概念的彩妆结合在一起总是能推翻固有的感觉，整体效果青春具有活力。

💛 细长的樱桃红色眼线亮眼却不过分夸张，让眼妆的效果更加突出，同色系唇彩饱满莹润，略显俏皮的性感更具诱惑的魅力，整体妆容的轻熟女气质得以完美展现。

樱桃红色服饰单品推荐

短款红白格子衬衫

彩带巴拿马帽

复古小波点发带

樱桃红色指甲油

高腰宽腿裤

漆皮尖头高跟鞋

黑色手提包

樱桃红色系妆容步骤分解

💜 **Step 1**

选择米色眼影铺开眼窝，做眼妆的打底工作。

💜 **Step 2**

蘸取哑光浅棕色眼影从眼尾开始轻扫晕染。

💜 **Step 3**

同样选择米色眼影，用小号的眼影刷轻扫在卧蚕处。

💜 **Step 4**

小号眼影刷蘸取浅棕色眼影沿着睫毛根部晕染下眼影。

💜 **Step 5**

选择深棕色眼影在眼尾处做小面积的晕染。

💜 **Step 6**

用笔触细腻的眼线液笔描绘眼线，拉长眼尾。

💜 **Step 7**

刷睫毛膏前使用睫毛夹可以让睫毛更卷翘。

💜 **Step 8**

用腮红刷蘸取腮红轻扫苹果肌处。

💜 **Step 9**

使用遮瑕膏对唇部遮瑕，遮盖唇线降浅唇色。

♥ Step 10

上唇彩前可先勾勒出唇形，便于画出流畅的唇部线条。

♥ Step 11

选择鲜艳明亮的樱桃红色填充唇部。

♥ Step 12

选用细小的唇刷填充唇部细节，让唇形更饱满。

♥ 妆容贴士

樱桃红色的妆容带有古典的优雅气质，切忌不要将眼影晕染得过大。红唇的颜色过于浓重的话，妆容会带有老气感，因此一定要打造出雾面气质红唇。

♥ 单品推荐

① Benefit 眉飞色舞宝盒

② Urban Decay Electric 彩色眼影盘

③ Dior 斑斓单色腮红

④ Banila Co. 唇部打底膏

⑤ Clinique 高感超炫唇膏

清澈——湖绿色　半透明用法还原清澈眼眸

　　清澈的湖绿色，就像波斯猫的双眸一样清冽、冰凉，为炎热的夏日带来一丝凉爽的风。这一抹湖绿色如同万紫千红中的一点绿，不必争奇斗艳却依然能引人注目。

🖤 半透明的湖绿色眼影让眼睛显得更加清澈、干净，而眼尾处那一点桃红色的点缀为妆容增添了几分妩媚，细密而纤长的睫毛扑闪着灵动的朝气，甜美的粉红色唇妆又为妆容增添了一份温婉气质。

湖绿色服饰
单品推荐

黑白拼接流苏 T 恤

黑色蕾丝水滴耳坠

绿色系珠宝项链

动物纹理腰带

纱质两层西服短裤

哑光鱼嘴中跟鞋

黑色皮质手提肩背双用包

湖绿色系妆容步骤分解

♥ **Step 1**
首先使用粉底刷，将粉底液均匀地涂刷在面部。

♥ **Step 2**
用大号的蜜粉刷涂刷一层蜜粉，让底妆更均匀。

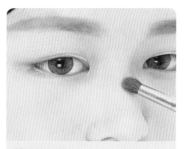

♥ **Step 3**
将高光粉轻轻涂刷在鼻梁上，使五官看起来更加立体。

♥ **Step 4**
选择棕色的眉粉，用眉粉刷刷出眉毛的形状和轮廓。

♥ **Step 5**
再用眼影刷蘸取湖绿色眼影，仔细刷满整个上眼睑。

♥ **Step 6**
选择浅色的同色系眼影，刷在上眼睑的后 1/3 处。

♥ **Step 7**
用黑色眼线笔沿着上眼睫毛根部描画出流畅的眼线。

♥ **Step 8**
用眼影刷蘸取有珠光感的桃红色眼影，描画出下眼睑的眼影。

♥ **Step 9**
在眼角和眼窝处涂刷一层珠光白色的眼影，提亮眼妆。

♥ Step 10

将睫毛刷与眼睛平行，由内向外、一根一根地涂刷睫毛。

♥ Step 11

用腮红刷将粉色的腮红涂刷在颧骨处。

♥ Step 12

用唇刷将唇膏仔细地涂抹在唇部，使唇部更饱满。

♥ 妆容贴士

如果担心湖绿色的眼影会使眼睛显得浮肿，那么就在眼窝处加深眼影色，让眼睛的轮廓变得更加立体。同时眼线要自然纤细，睫毛也要处理得根根分明，妆容才能看起来精致、优雅。

① ②

♥ 单品推荐

① Physicians Formula
天然心形腮红

② Shiseido 粉饼

③ Sephora 彩妆盒

④ HR 猎豹防水睫毛膏

⑤ Shu Uemura 手绘眼线笔

③ ④ ⑤

解决 夏季妆容烦恼

爱出油的鼻部如何化妆

♥ Step 1

首先将洁面乳挤在手心，揉搓至出现泡沫后清洁皮肤。

♥ Step 2

用化妆棉擦拭面部水珠，同时起到二次清洁的目的。

♥ Step 3

取适量爽肤水，用指腹轻轻拍打面部至爽肤水被吸收。

♥ Step 4

然后取适量乳液，同样轻轻拍打在面部上至其被吸收。

♥ Step 5

将隔离霜挤在手心，经稍稍揉搓后再轻轻拍打在面部上。

♥ Step 6

用粉饼将粉底轻轻拍打均匀，使肌肤看起来更加平滑。

♥ Step 7

用保湿喷雾对面部进行补水，保持肌肤的水润质感。

♥ Step 8

最后用大号粉扑轻轻拍打鼻翼两侧，使水分被充分吸收。

♥ 秘诀

夏季，鼻子爱出油，所以应该选择控油性洁面乳，彻底地清除皮肤表面的油脂、死细胞和毛孔当中的污垢，每周还要使用磨面膏对皮肤进行 1～2 次的深层清洁。

能达到修饰毛孔目的的同时，如何确保妆容不厚重

♥ **Step 1**
首先使用洁面乳将皮肤仔细清洁干净。

♥ **Step 2**
取适量爽肤水，用手轻拍面部至其被吸收。

♥ **Step 3**
再使用乳液，锁住面部水分让湿润度保持得更加持久。

♥ **Step 4**
用手抹取猪油膏，以打圈按压的方式涂抹面部。

♥ **Step 5**
再用手指取适量的隔离霜涂抹面部，保护皮肤。

♥ **Step 6**
取适量粉底液和乳液调和后涂抹面部，使肌肤更加滋润。

♥ **Step 7**
用海绵粉扑轻拍面部，使粉底涂抹得更加均匀。

♥ **Step 8**
最后用遮瑕膏修饰局部的瑕疵，令妆容更加自然。

♥ **秘诀**

确保妆容不厚重的同时还要修饰毛孔，就必须借助神奇的猪油膏。它能够平复毛孔，控制油光，只需上薄薄一层粉底就能很好地提亮肤色。

如何利用遮瑕膏修饰突如其来的痘痘

♥ Step 1

首先使用有补水功效的爽肤喷雾，轻轻喷洒在面部。

♥ Step 2

然后把具有祛痘作用的精华均匀地拍打在面部。

♥ Step 3

在长痘痘的地方再次涂抹精华，加强祛痘效果。

♥ Step 4

取适量润肤水，用掌心拍打在面部。

♥ Step 5

为了加强补水效果，可再次拍打润肤水。

♥ Step 6

将隔离霜均匀地点在面部，再均匀地推展开。

♥ Step 7

将粉底液均匀地涂刷在面部，提亮肌肤色泽。

♥ Step 8

最后在面部长痘痘的地方涂上遮瑕膏即可。

♥ 秘诀

突如其来的痘痘总是让人措手不及，在用遮瑕膏之前使用有祛痘成分的精华可以有效、快速地消灭痘痘。当然，一定还要记得使用隔离霜。

水上活动前如何打造防水妆容

♥ **Step 1**

首先使用爽肤喷雾均匀地喷洒面部。

♥ **Step 2**

接着取适量乳液用手轻轻拍打在面部。

♥ **Step 3**

选择一款具有保湿补水功能的面霜锁住面部水分。

♥ **Step 4**

将隔离霜均匀地点在面部，再轻轻拍打晕开。

♥ **Step 5**

用大号的粉刷将防水粉底涂刷在面部。

♥ **Step 6**

接着用海绵粉扑将粉底涂抹得更加均匀。

♥ **Step 7**

用大号的蜜粉刷蘸取蜜粉，涂刷在面部。

♥ **Step 8**

最后，用定妆液轻轻喷在面部，保护妆容。

♥ **秘诀**

打造防水妆容时，除了使用有防晒作用的乳液和隔离霜外，在妆容完成后一定要记得喷上防水定妆液，这样才能保证妆容在水中长时间不"花"妆。

Chapter 3　秋季色彩妆容

摆脱沉闷激活浪漫潜质

秋季肌肤干燥，脱妆、不易上妆的问题凸显，你是否对化妆提不起兴趣？但只要做好肌肤滋养，妆容也会全天服帖不易脱妆。面对大地色系居多的秋季，除了打好底妆，玩转色彩也是非常重要的。学会通过色彩妆容表达心情，在秋风萧瑟的季节也能美丽无比！

秋季　肌肤的妆前保养要诀

秋风干裂，肌肤十分缺水，肌肤暗淡无光这些问题也会随即而来。妆前喂饱肌肤水分，可以让肌肤光泽一整个秋季。

💜 秋季肌肤问题一扫光

补水是秋季护肤第一要点

秋季气候逐渐变得干燥，降低了肌肤的锁水能力，如果没有及时补水，粗糙、黯沉、紧绷等肌肤问题就会自动找上门来。秋季最基础的补水方法就是密集地为肌肤补充水纯露和保湿乳，最好选择具有玫瑰精华的爽肤水或是保湿乳，它具有比普通爽肤水更强的补水功效，能够改善肌肤锁水机能，让肌肤更水嫩。

滋润肌肤，和细纹说再见

为肌肤补够水分还不够，要给肌肤更多的滋润才会让细纹无处可生。可以合理选择深层滋养面膜或者是精华，它们都有深度滋养并且持久锁住水分的功效。首选含有维生素 A、维生素 E、海藻精华等营养物质的面膜或者精华，因为它们能够有效改善干性肤质，帮助你真正拥有水灵灵的水润肌肤。

去除皱纹，让妆容更平顺

皱纹是最显老的符号之一，所以我们更应该要抵制和消灭它。如果角质增厚势必影响美观，且易出现皱纹。所以去角质也是防皱的关键一步。在护肤过程中，须加上皮肤的美容按摩与热敷，让皮肤皱纹的线条淡化，并确保保养品更好地渗透，从而改善皮肤状况。额头、眼角和唇角是防皱的重点对象，在化妆时应注意在这些部位着重使用防皱的化妆品，尤其应该针对性地选择预防性眼霜，以及眼部卸妆液，防止第一条皱纹产生。

做好美白措施，赶走黯沉、恢复光彩

美白和补水需要同时进行，肌肤黯沉会让人看起来无精打采，并且更加显老。秋季多吃水分含量多的蔬果以及多用富含维生素的美容化妆品，会让肌肤弹性不减并且更有光泽。从维生素 C 的美白，到维生素 E 的抗氧化与抗衰老，以及目前最热门的各种维生素 A 衍生物，这些都可以让肌肤更清新、更明亮。因此，应选择经常涂抹富含不同维生素成分的营养霜，从而给肌肤以丰富的营养。

秋季 适用的妆前保养美妆品

秋季护肤的重点我们已经为你一一罗列，只要根据这些关键点找到最适合秋季应用的妆前保养品就能够解决秋季肌肤难题。

♥ 单品推荐

1. Lancome 微整精华
2. Kiehl's 高保湿乳
3. Freeplus 保湿修护柔润化妆水
4. Za 真皙美白防晒霜

5. Shu Uemura 均效保湿洁颜油
6. DHC 滋养皂
7. Laneíge 夜间修护锁水面膜
8. Estée Lauder 密集焕白淡斑精华露

9. Revlon 修复再颜水漾遮瑕膏
10. Clinique 深层水嫩保湿润肤霜
11. L'occitane 蜡菊亮采修护精华液
12. For Beloved One 亮白净化去角质凝胶

秋季 妆容整体配色建议

轻柔——芥末黄色　打造轻盈质感日常淡妆

　　芥末的颜色没有像它的味道一样能够呛出人的眼泪，相比之下更加轻淡、柔和，就像刚入秋时才褪去翠绿外衣的树叶，失去了那份热闹的葱翠，反倒多了一份恬淡怡然的自得其乐，将女性安静、柔美的气质诠释得更加透彻。

❤ 轻柔净透的芥末黄色眼影，搭配干净、利落的黑色眼线，让眼妆变得更加轻柔、自然，再搭配以桃红色的明亮唇膏，轻松打造出轻盈、精致的日常妆容。

**芥末黄色服饰
单品推荐**

几何图案金属耳钉

色彩拼接收腰背心

黑白条纹丝巾

Stella McCartney 黑色西装

黑色铅笔裤

斜背单扣皮包

尖头系踝高跟鞋

芥末黄色系妆容步骤分解

♥ Step 1
首先用粉底刷将粉底液均匀地涂抹在面部。

♥ Step 2
接着用蜜粉刷将蜜粉轻轻地涂刷在面部。

♥ Step 3
用眉粉刷蘸取棕色的眉粉，描画出眉毛的形状。

♥ Step 4
用眼影刷蘸取芥末黄色眼影，注意适量，以免洒落。

♥ Step 5
用眼影刷沿着眼部线条刷满上眼睑，为眼妆打底。

♥ Step 6
蘸取颜色稍微深一点的眼影描画在上眼睑至眼尾三角区的位置。

♥ Step 7
选择颜色较深的眼影搭配，使眼妆效果更加明显。

♥ Step 8
用小号眼影刷描画下眼线并涂满下眼睑三角区。

♥ Step 9
将睫毛刷与眼睛平行，从睫毛根部向上提拉着刷。

♥ Step 10

用腮红刷将粉红色的腮红涂刷在眼角到颧骨处。

♥ Step 11

选择明亮色系的桃红色唇彩，均匀涂抹唇部。

♥ Step 12

最后用唇彩刷仔细描绘和修饰唇部线条。

♥ 妆容贴士

芥末黄色的眼影质地轻盈，像秋季里的一抹亮色给人以清爽、利落的感觉，再搭配其他色彩则会显得有些厚重。 如果觉得有些单调，那么可以选择一款明亮色系的唇彩来提亮整体妆容。

♥ 单品推荐

① Maybelline New York
矿物水感亲肤腮红

② Tom Ford 眼线胶

③ Sephora 彩妆盒

④ Clinique 持久透亮唇彩

⑤ Lancome 棕色眉笔

①

②

③ ④ ⑤

平和——石绿色　小范围运用打造质感妆容

　　如同岩石上的苔藓一样的石绿色，包容而平和，象征着生命的坚韧和不屈。这样的石绿色安静、柔和，又不失落落大方的质感，充分表现出女性柔和而又充满生命力的勃勃朝气。

💜 淡淡的石绿色流露出安静、平和的气质，搭配樱桃红色的下眼影，让眼妆变得精致、明亮，又不失活泼、可爱的俏皮感。一抹红橙色的润泽唇色，让整个妆容更加温婉、亲和。

石绿色服饰
单品推荐

荷叶边雪纺 T 恤

珊瑚珠宝流苏耳环

白色珠宝组合项链

印花方巾

抽象几何渐变 A 型裙

金属扣皮包

► 灰色麂皮皮鞋

石绿色系妆容步骤分解

♥ Step 1

先用粉底刷将粉底液均匀地涂刷在面部。

♥ Step 2

再用大号的蜜粉刷将粉底涂刷得更加均匀。

♥ Step 3

用眉粉刷将棕色的眉粉刷出眉毛的形状。

♥ Step 4

用染眉膏调整眉毛的色泽，提亮眉毛的颜色。

♥ Step 5

接着用眼影刷蘸取适量的石绿色眼影。

♥ Step 6

用眼影刷将石绿色的眼影轻轻晕开。

♥ Step 7

用黑色的眼线笔画出上眼线，眼尾处线条微扬。

♥ Step 8

选择一款桃红色眼影与石绿色眼影搭配。

♥ Step 9

将桃红色眼影轻轻点在下眼睑的中心位置。

💜 **Step 10**

选择具有纤长、卷翘效果的睫毛膏，开始刷卷睫毛。

💜 **Step 11**

刷好睫毛后，用睫毛梳梳开粘在一起的睫毛。

💜 **Step 12**

最后用唇刷将唇彩均匀地涂抹在唇部。

💜 **妆容贴士**

石绿色配桃红色，因为对比强烈，所以常常被定义为大胆的配色。只在下眼睑中心处点一抹红色眼影，这样既别出心裁地突出了眼妆效果，又不会过分夸张。

💜 **单品推荐**

1. Cerro Qreen 五色粉底盘

2. Stila 花园眼影盘

3. Original 爱之玫瑰腮红

4. Lily Lolo 自然唇蜜

5. Laura Mercier 眼部遮瑕眼影两用霜

温和——豆沙色　眼唇配合打造优质女生妆容

　　豆沙色饱满而柔和，像浓浓的巧克力花生酱一样细腻又浓稠，低调却不乏质感。正如秋天的丰厚和朴实一样，它象征着沉稳和内秀，运用在任何场合都不会出错，是所有女生化妆盒内必备的一款眼影色彩。

　　♥ 柔和的色调让整体妆容看起来自然、亲切，眼部使用的豆沙色眼影使眼妆更加素雅、干练，同时增加了眼部的轮廓感，让眼睛变得更加明亮而有神。

豆沙色服饰
单品推荐

Tom Binns 扣针手链

蝴蝶结领口无袖衬衫

灰色长筒袜

豆沙红针织开衫

尖头蕾丝平跟鞋

学院风百褶裙

真皮信封单扣包

豆沙色系妆容步骤分解 ♥

♥ Step 1
取适量隔离霜涂抹在面部，隔离污染。

♥ Step 2
用粉底刷将粉底液均匀地涂刷在面部。

♥ Step 3
再用蜜粉刷将粉底涂刷得更加均匀。

♥ Step 4
用较细的眉粉刷仔细描画眉毛的边缘。

♥ Step 5
然后用棕色的眉毛膏调整眉毛的色泽。

♥ Step 6
选择大号眼影刷将豆沙色眼影刷满上眼睑。

♥ Step 7
用同号眼影刷蘸取高光粉涂抹在眼尾处。

♥ Step 8
选择同色系较深的眼影，用小号眼影刷蘸取。

♥ Step 9
在原来的眼影基础上描画出一条深色眼线。

♥ Step 10

接着使用具有纤长、卷翘效果的睫毛膏将睫毛刷卷。

♥ Step 11

用大号腮红刷蘸取粉红色腮红斜刷在颧骨处。

♥ Step 12

最后再用唇刷将粉色的唇彩涂抹在唇部即可。

♥ 妆容贴士

豆沙色是比起咖啡色偏红一点的颜色，颜色本身醇厚而饱满，所以上妆时切忌过于厚重，既可以单用也可以与较为艳丽的颜色搭配。

♥ 单品推荐

① Estée Lauder 深邃眼线膏

② Benefit 阳光天使腮红

③ Estée Lauder 深邃眼线膏

④ Lancome 果汁唇蜜

⑤ YSL（Yves Saint Laurent）绒密睫毛膏

神秘——紫色　锁定双眸打造电力猫眼妆

极具魅惑感的紫色眼影让你的双眼有着画龙点睛的效果，不同光泽的眼影组合，在自由重叠搭配下，光与影色泽变换，形成不同层次的惊喜妆容，演绎眼部的深邃生辉之美。

🖤 神秘的紫色令眼妆更加精致、特别，稍稍晕染开的眼影让眼睛看起来电力十足，有放大的效果。另外，棕色的粗眉毛更加衬托出了女生精致的五官轮廓。

紫色服饰
单品推荐

枣红色毛呢帽

紫色格纹短袖T恤

手工皮质手链

白色羊毛开衫

复古枣红色皮鞋

黑色荷叶边半身裙

蝴蝶结细背带包

紫色系妆容步骤分解

♥ Step 1
用粉底刷将底妆产品均匀地涂抹在面部肌肤上。

♥ Step 2
将散粉来回轻扫在面部油光明显的 T 区。

♥ Step 3
选择黄色染眉膏降浅眉色，让整体更协调。

♥ Step 4
眉粉勾勒出眉形并加深眉中和眉底位置。

♥ Step 5
眼影刷蘸取浅粉色眼影横扫整个眼窝，提亮眼部。

♥ Step 6
在下眼线处同样扫上粉红色眼影打底。

♥ Step 7
接着用眼影刷蘸取紫色眼影渲染眼周。

♥ Step 8
继续蘸取淡紫色眼影在眼尾处做小范围晕染，强调眼尾。

♥ Step 9
选择笔触细腻的眼线液描绘出一条眼尾上扬的眼线。

♥ Step 10

假睫毛根部涂上胶水，借助镊子将假睫毛粘好。

♥ Step 11

下睫毛分段，借助镊子粘在下眼线处。

♥ Step 12

最后在唇上刷上枚红色唇漆，点亮整个妆面。

♥ 妆容贴士

紫色是很多女性都比较青睐的一种色彩。明亮的紫色眼影搭配浓黑的粗眼线能够使眼部线条更加突出，双眼看起来也更有神采。

♥ 单品推荐

① 爱丽小屋魔幻 3D 高光粉

② Shu Uemura 无色限唇蜜

③ Stila 三色眼影

④ Lancome 梦魅巨星璀璨睫毛膏

⑤ Lancome 双头眉笔

自信——古铜色　突出五官的成熟气韵

　　古铜色是涂眼影和修容时常用的常规色，它的特点是不仅能与东方人肤色相融合，还能加强深邃度和阴影感。比起其他颜色，古铜色在色感的表现上更现代，也更具气质。如果要打造一款古铜色主题的妆容，重点必须放在眼部以及面部的外轮廓。

　　♥ 古铜色塑造的层次感令五官加深，比棕色更抢眼，比黑色更柔和。古铜色的叠加和晕染效果是极富理性气质的，适合大方、端庄的现代职业女性。

古铜色服饰
单品推荐

古铜色鹰形项链

古铜色吊坠耳环

金属渐变腕饰

古铜色亮片拉链夹克

古铜色交叉式裹身裙

古铜色宝石戒指

古铜色罗马式高跟鞋

古铜色系妆容步骤分解

♥ Step 1
用眼影蘸取带有珠光感的浅棕色眼影，将其轻刷在眼窝处。

♥ Step 2
用古铜色眼影沿着睫毛根部以横刷层叠晕染眼影。

♥ Step 3
用金棕色的眼影沿着外眼角的三角区叠加下眼影。

♥ Step 4
选择笔触细腻的眼线液描绘出一条眼尾上扬的眼线。

♥ Step 5
选择小号眼影刷蘸取金棕色眼影晕染瞳孔上方眼线部分。

♥ Step 6
眼线液笔填充眼头位置，让眼妆更立体。

♥ Step 7
假睫毛根部涂上胶水，借助镊子将睫毛粘好。

♥ Step 8
借助镊子粘上下睫毛，上下放大双眼。

♥ Step 9
在鼻翼处用深色修容粉营造鼻影，让鼻子更显挺拔。

♥ Step 10

选择大号化妆刷在两颊扫上修容粉，营造立体侧影。

♥ Step 11

使用遮瑕膏对唇部遮瑕，遮盖唇线降浅唇色。

♥ Step 12

选择粉橘色唇彩涂抹唇部，成功缔造好气色。

♥ 妆容贴士

古铜色要与亚洲人偏黄的肤色结合，建议选择具有珠光或其他亮泽度的成分的彩妆单品。如果选购的古铜色彩妆品属于哑光类别，可以配合米色或金色提亮粉叠加来增加亮度。

①

②

♥ 单品推荐

③

④

⑤

① CK 古铜妆效两用胭脂粉饼

② Bobbi Brown 双色眉粉

③ CPB（Clé de Peau Beauté）防水眼线凝霜

④ Dior 设计师系列五色眼影

⑤ Dior 纤长睫毛膏

111

魅惑——酒红色　锁定美唇打造女神印象

　　魅惑的酒红色就像高脚杯里的红酒，冷冽惊艳。如果说清甜的果汁代表着少女的甜美青涩，那么醇厚的红酒就象征着熟女的沉着内敛，稳重中透出复古的贵气，不在乎年份，而在乎韵味。

🖤 优雅的酒红色眼影令双眸变得感性、魅惑，搭配酒红色唇妆，将妆容的成熟韵致提升，也将大女人式的优雅感完整地呈现出来。

酒红色服饰
单品推荐

Samira 珍珠贝壳耳环

纯白短装 T 恤

复古珠宝项链

金属几何手链

Peter Pilotto 数码印花裙

皮质斜背包

尖头漆皮高跟鞋

酒红色系妆容步骤分解

♥ Step 1

选择白皙色粉底液提亮肤色，用粉底刷均匀刷开。

♥ Step 2

大号化妆刷扫上蜜粉，让光泽更加自然、柔和。

♥ Step 3

用浅色眼影在整个眼窝铺开，提亮眼皮，为眼妆打底。

♥ Step 4

选择深一号的银色在眼头位置加深。

♥ Step 5

加深眼头后，再在眼尾处渲染加深。

♥ Step 6

在下眼线位置填充下眼影，平向拉开，连接至上眼影。

♥ Step 7

选择笔触细腻的眼线液描绘出一条眼尾上扬的眼线。

♥ Step 8

选择眼线笔描绘在下眼线三分之一处。

♥ Step 9

在假睫毛根部涂上睫毛胶，借助镊子粘上假睫毛。

❤ Step 10

下睫毛不必粘完整条，在下眼线二分之一处即可。

❤ Step 11

腮红刷蘸取腮红轻扫苹果肌处，范围可以更大一些。

❤ Step 12

选择暗红色哑光唇彩，沿着唇形涂上即可。

❤ 妆容贴士

酒红色是介于红色和棕色之间的百搭色。对于年轻女性而言，将酒红色用在眼部尤其要注意用色范围，不要将眼窝涂满。对于唇部而言，尽量不要选择完全哑光的酒红色唇膏，避免增加年龄。

① ②

❤ 单品推荐

③ ④ ⑤

① Clinique 耀眼眼线膏

② Tom Ford 眼影腮红颜彩盘

③ Astraea V. 假睫毛

④ Giorgio Armani 臻致丝绒哑光唇彩

⑤ M.A.C 细致眉笔

浪漫——樱花色　打造日系下垂烟熏眼妆

　　樱花色类似樱花的固有色，颜色柔和、轻盈，是能带给肌肤生机及感性的色彩。樱花色虽然不如明快的粉色琦丽夺目，但是能和更多的颜色相搭配来营造更柔和的梦幻妆效。

❤ 樱花色的眼妆及唇色使面部蒙上曼妙的梦幻感，如同薄雾笼罩，瞬间降低肌龄。

樱花色服饰
单品推荐

樱花色呢子大檐帽

镶珠耳环

渐变复古墨镜

经典款女士手表

樱花色短袖连衣裙

樱花色手提包

樱花色细跟尖头鞋

樱花色系妆容步骤分析

❤ Step 1
用眼线先画出眼尾的下垂感，上眼线稍微加粗以突出眼神。

❤ Step 2
选择带有珠光效果的粉红色眼影作为消除黯沉眼窝的底色。

❤ Step 3
晕扫整个眼窝，并且在眼球凸起的位置重点提亮。

❤ Step 4
轻点少许樱花色眼影作为强调眼窝的深色使用。

❤ Step 5
用樱花色眼影从上眼线末端往回轻扫，加强眼窝的凹陷。

❤ Step 6
换更小的刷头，选取珠光黑色作为加强眼线的颜色。

❤ Step 7
将珠光黑色眼影从瞳孔正上方的位置开始向后推开，叠在眼线上方。

❤ Step 8
以同样的方法，将珠光黑色眼影叠加到下眼线的后半段，与上眼线相呼应。

❤ Step 9
用小刷头眼影刷取珠光米色作为加强眼头的提亮色。

♥ Step 10

眼睛闭起来，用珠光米色眼影在眼角上方画一小道弧线。

♥ Step 11

用珠光米色眼影从眼角下方画至瞳孔正下方，起到提亮眼神的作用。

♥ Step 12

最后使用黑色睫毛膏将每根睫毛按扇形刷好即可。

♥ 妆容贴士

樱花色的色感不容易体现，需要通过叠加的手法加以明确。除此之外还可以通过彩妆品的质地来呈现樱花粉的质感，如膏状的质地能体现樱花粉的软糯，比粉状更平添温暖、可爱的感觉。

♥ 单品推荐

1. M.A.C 高光腮红
2. Estée Lauder 深邃眼线膏
3. Suqqu 四色眼影盘
4. HR 猎豹防水睫毛膏
5. Laura Mercier 眼部遮瑕眼影两用霜

成熟——棕色　深浅配合打造渐变烟熏眼妆

　　成熟的棕色就像落叶铺满大地时的沉静、安稳，给人带来一种平和、收敛的厚重感。棕色搭配粉嫩的腮红和明亮的唇色修饰出了白皙的肤色，打破单纯的棕色带来的沉闷感，这样的色彩搭配成熟而不老气，稳重而有质感。

　　❤ 微微加深的渐变烟熏眼影，让眼妆看起来沉稳、优雅，也更加突出了大眼的魅力。纤长、浓密的睫毛起到了放大双眼的效果，搭配明亮的唇色让妆容更显明朗、利落。

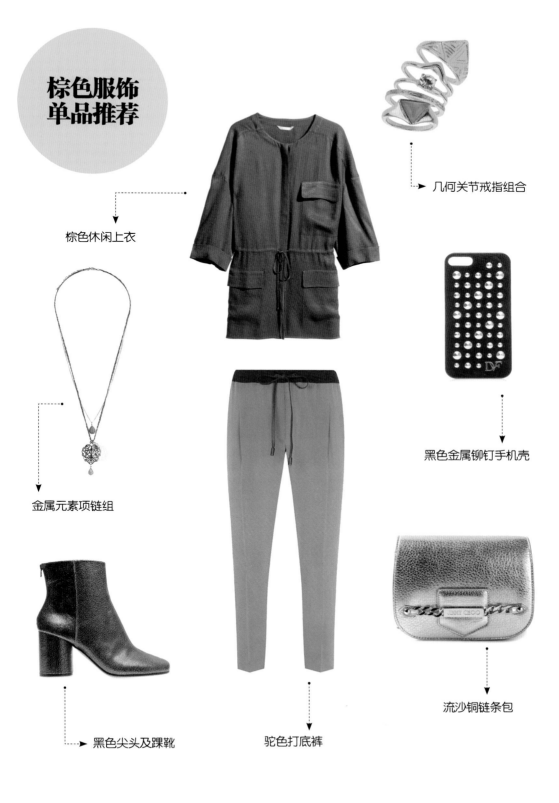

棕色服饰
单品推荐

几何关节戒指组合

棕色休闲上衣

黑色金属铆钉手机壳

金属元素项链组

黑色尖头及踝靴

驼色打底裤

流沙铜链条包

棕色系妆容步骤分解

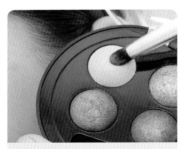

♥ Step 1
选择白色眼影作为消除眼窝黯沉的打底色。

♥ Step 2
将白色眼影以轻薄的厚度晕扫整个眼窝，重点提亮眼球凸起的位置。

♥ Step 3
选择棕色作为眼线叠加色，强化眼线宽度。

♥ Step 4
将棕色眼影叠加在上睫毛的眼线上，并加宽 4~6mm。

♥ Step 5
选择巧克力色作为加深眼窝的深色。

♥ Step 6
将巧克力色眼影从瞳孔正上方的位置开始先扫眼尾，再回勾至眉骨下方。

♥ Step 7
选择金棕色眼影作为提亮瞳孔的浅色。

♥ Step 8
将金棕色眼影叠扫在眼球凸起处，注意不要与之前的棕色和巧克力色眼影重叠。

♥ Step 9
换一支刷头扁平的眼影刷，取白色眼影为眉骨提亮。

♥ Step 10
将白色眼影从眉毛下方中点的
位置开始扫至眼尾，提亮眉骨。

♥ Step 11
选择黑色眼线液笔从眼角开始
勾画逐渐加宽的眼线。

♥ Step 12
用粉红色唇彩在双唇上轻扫，
打造自然、晶透的效果。

♥ 妆容贴士

　　棕色常常被联想到泥土
般的自然、简朴，也会被认
为有些不鲜明，所以可以通
过搭配一些明亮的色彩来弥
补。单一的棕色眼影搭配明
亮的粉红色唇彩就是充满朝
气的完美组合。

①

②

♥ 单品推荐

① Benefit 自然派浓密假睫毛

② Revlon 经典四色眼影盒

③ Benefit 坏女孩浓黑眼线笔

④ Elizabeth Arden
　玫瑰流金极光系列唇膏

⑤ 3CE（3 Concert Eyes）
　液体腮红

③

④

⑤

解决 秋季妆容烦恼

如何让妆容长久保湿不脱妆

Step 1

首先使用爽肤喷雾，将其轻轻喷洒在面部四周。

Step 2

然后用手挤取适量精华，轻轻拍打在面部。

Step 3

接着使用化妆水，用手掌将其均匀地拍打在面部。

Step 4

用手指蘸取粉底膏均匀地点涂在面部四周。

Step 5

用打湿的葫芦海绵粉扑拍打鼻翼及有皱纹的区域。

Step 6

接着使用大号粉刷将粉底涂刷得更加均匀。

Step 7

然后用蜜粉刷蘸取适量的蜜粉涂刷在面部。

Step 8

最后将定妆液喷洒在面部，令妆容持续更久。

秘诀

秋季天气干燥，皮肤一旦缺水就会出现"吃"妆的现象，所以建议同时使用保湿效果比较好的爽肤水和保湿精华，从而加强保湿效果。

通过妆容如何减淡法令纹 / 鱼尾纹

♥ Step 1

先使用爽肤喷雾轻轻喷洒面部。

♥ Step 2

然后用指腹蘸取精华液并将其轻轻拍在面部。

♥ Step 3

滴适量化妆水于掌心，轻轻拍打面部。

♥ Step 4

用手指蘸取粉底液，均匀地点涂在面部。

♥ Step 5

将葫芦海绵粉扑打湿使用，这样可使底妆更服帖。

♥ Step 6

在法令纹或鱼尾纹附近再覆盖一层粉底。

♥ Step 7

然后用大号蜜粉刷薄刷一层蜜粉定妆。

♥ Step 8

最后轻喷一层定妆液，让妆容持续更久。

♥ 秘诀

在上粉底液时，注意粉底刷应该顺着肌肤的纹理方向来回涂刷，这样的话能够更好地遮盖住皮肤细纹。

面部黯沉如何化妆才能提亮

♥ Step 1

首先使用爽肤喷雾轻轻喷洒面部。

♥ Step 2

接着使用柔肤水，让面部肌肤更加柔和。

♥ Step 3

然后使用保湿乳液，锁住面部肌肤的水分。

♥ Step 4

接下来用粉底刷将粉底液均匀地涂抹在面部。

♥ Step 5

在面部黯沉的部位涂抹遮瑕膏以提亮肤色。

♥ Step 6

然后再使用蜜粉，用大号的蜜粉刷涂刷在面部。

♥ Step 7

最后在两侧脸颊处轻轻涂刷一层高光粉。

♥ Step 8

用腮红刷将腮红以斜刷的方式涂刷在颧骨处。

♥ 秘诀

面部暗淡无光，可以选择色泽较为明亮的粉底液，同时在脸颊处轻扫一层高光粉，这样可以加强提亮肤色的效果。

浮肿变胖怎么画才能拥有 V 型脸

❤ Step 1

首先取适量的爽肤水轻轻拍打面部。

❤ Step 2

接着蘸取适量精华液均匀地拍打面部。

❤ Step 3

然后再用手指蘸取保湿乳液拍打在面部。

❤ Step 4

用粉底刷将粉底液均匀地涂刷在面部周围。

❤ Step 5

在腮部，用粉底刷仔细涂刷粉底使肌肤更细腻。

❤ Step 6

用大号的蜜粉刷将蜜粉涂刷在面部四周。

❤ Step 7

接着在鼻梁处涂刷高光粉，使五官更加立体。

❤ Step 8

用蜜粉刷蘸取修容粉刷在腮部，营造 V 型脸效果。

❤ 秘诀

运用阴影粉和修容粉，沿着耳朵到嘴角的方向轻轻扫画，越接近下巴就要画得越淡，这样 V 型脸的效果会更加明显。

Chapter 4　冬季色彩妆容

立体改变塑造新我气场

　　寒冷、沉闷的冬季更需要色彩的抚慰！面对一季的深色系，在妆容上加一抹色彩，更能点亮心情。妆前养护肌肤，可以改善冬天肌肤黯沉和干纹问题。配上色彩妆容，好气色将会伴你一个冬季！

冬季 肌肤的妆前保养要诀

冬季除了做好保暖工作以外，肌肤的呵护也不能少。由于冬风干冷，面部会更容易出现纹路，所以我们要给肌肤更极致的关爱。

❤ 冬季肌肤问题一扫光

补充养分，抚平表情纹

无论是哪一个细微的表情都有可能在你脸上留下细小的纹路，特别是在冬季，面部血液循环较慢，会让表情纹更加明显。要消除这些细纹，除了平日的基础保养，还要用精油加上按摩面部的动作。这些按摩可刺激血液循环，并且慢慢抚平细纹，每天只花 3 分钟，就可以让肌肤充满弹性与光泽。

添加胶原蛋白，肌肤紧致不松弛

由于冬季天气阴冷，肌肤就容易出现粗糙、干纹、松弛等现象。胶原蛋白在真皮层中，决定着皮肤的紧致度、光滑度和润泽感，所以在冬季想要肌肤紧致、不松弛，补充胶原蛋白是最重要的。一般人们多从日常饮食中摄取胶原蛋白，但它们分子很大，不易吸收。此时，可以借助胶原蛋白饮料或者面膜来让肌肤更好地吸收。

勤按摩、去角质，肌肤细腻有光泽

冬季，角质层过厚是上妆时"浮粉"的主要原因之一，角质层让皮肤不再平滑，上粉底就像"刷墙"，厚而不匀。因此，定时去角质也是冬季基本护肤项目，选择温和的去角质产品，手法温柔且不要用力揉搓。按摩频率按照区域划分，眉心、嘴角、额角、鼻子周围要适当增加去角质的频率，去角质后再给肌肤补水就会让妆容更加服帖。

消除自由基，抵抗衰老正当时

寒冷的气温让肌肤的新陈代谢变慢，各种扑面而来的冷风刺激更是雪上加霜。随着肌肤自身细胞制造和防御能力的锐减，老化困扰便显得更加复杂。因此，一款具有抗老功效的面霜是你必需的。可以选择含有 Q10 等护肤产品，或者平时多喝茶以及多吃抗衰老的瓜果蔬菜，从而达到内外兼修的抗衰老目的。

冬季 适用的妆前保养美妆品

　　眼睛和嘴唇是最受瞩目的美丽焦点，也是最需要呵护的脆弱皮肤。在冬季，根据眼部和唇部的细微变化就能了解你有没有选对妆前保养品。如果出现细纹，应该立刻更换保养品。

♥ 单品推荐

1 Avène 无皂基滋润洁肤凝胶

2 Kiehl's 高保湿爽肤水

3 Sisley 百合洁肤乳

4 L'oréal Paris
清润全日保湿乳液

5 NARS 保湿面膜

6 Kiehl's 高保湿面霜

7 Estée Lauder
青春抗皱滋润眼霜

8 Origins 水润畅饮保湿面膜

9 Jurlique 薰衣草按摩油

10 Elizabeth Arden
晚安好眠滋养霜

11 Paul & Joe
清透防晒粉底液

12 For Beloved One
亮白净化去角质凝胶

冬季 妆容整体配色建议

华丽——金色　充满奢华魅力的金色妆容

　　金色完美地演绎出了高贵、富丽的奢华感，是冬季经典的完美刻画，很好地诠释了狂野、耀眼、光泽的特性，展现出神秘、光感、绝美的金色魅力。以金色来塑造妆容最能够展现出新时代女性独立、自主的气质。

　💜 细长的金色眼线充满了几何造型的现代感，耀眼而不夸张，夺目却不落俗套，搭配娇嫩的橘色明亮系唇彩，为整体妆容增添了一份女性甜美的感觉。

金色服饰
单品推荐

天然珍珠耳环

简约白色雪纺衫

软毛呢大檐帽

宝石项链

浅灰色系带长风衣

复古条纹花朵紧身裙

羊毛长手套

金色系妆容步骤分解

Step 1
首先取适量的粉底液于指尖处，将其点涂于面部。

Step 2
用大号蜜粉刷将粉底液均匀地涂刷开。

Step 3
在两侧脸颊处轻轻涂刷一层高光粉。

Step 4
用眉粉刷蘸取眉粉，涂刷出眉毛的形状。

Step 5
选择一款大地色系的眼影刷满上眼睑。

Step 6
用眼影刷蘸取金色眼影，沿着眼部线条描画一条眼线。

Step 7
接着用黑色眼线笔画出流畅的上眼线。

Step 8
再使用具有纤长效果的睫毛膏涂刷在睫毛上。

Step 9
用腮红刷将粉红色的腮红涂刷在颧骨处。

♥ Step 10
先用润唇膏滋润唇部肌肤。

♥ Step 11
用唇刷将橘色唇彩轻轻涂抹在唇部。

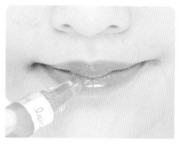

♥ Step 12
最后涂刷一层透明唇彩来提亮唇色即可。

♥ 妆容贴士

　　金色本身就已经非常出挑，所以在配色上应尽量选择一些单纯和低调的颜色来搭配。大面积的涂抹会有些夸张和奢华，而简单的线条感则比较适合日常妆容。

①

②

♥ 单品推荐

③

④

⑤

① Benefit 眉飞色舞宝盒

② Clinique 恒彩胭脂

③ Blistex 润唇膏

④ Kate 金影掠色眼影

⑤ Laura Mercier 冰凝唇彩

现代——银色　突出饱和度打造前卫妆效

　　充满了现代感和未来感的银色，就像好莱坞大片里的未来战士穿戴的盔甲，冷静面对着五彩缤纷的世界，充满了未卜先知的想象。它象征着前卫、夸张和不拘一格的胆色，充分展现出现代女性同样可以控制未来的能力。

💗 银色调的眼影时尚又前卫，仿佛双眼的神采一样明亮闪烁、电力满格。淡雅的裸粉色唇彩，让整体妆容更具女性气质。

银色服饰
单品推荐

热带雨林元素短T恤

迷彩元素墨镜

手工质感宽手镯

Paul Smith 民族风执勤风帽

暗纹廓型外套

Stella McCartney
银色褶皱哈伦裤

金属链条元素双肩包

银色系妆容步骤分解

♥ **Step 1**
将具有提亮效果的妆前乳涂抹在肤色黯沉的位置。

♥ **Step 2**
用粉底刷蘸取粉底液以少量、多次的方式均匀涂抹在整个面部。

♥ **Step 3**
用粉扑蘸取蜜粉从面部 T 型区开始向四周多次按压。

♥ **Step 4**
用咖啡色眉笔从眉心向眉尾横向描画出眉毛的形状。

♥ **Step 5**
选用淡粉色的眼影轻轻刷满整个上眼睑。

♥ **Step 6**
用眼线笔填满睫毛根部的空隙，描画出流畅自然的内眼线。

♥ **Step 7**
在睫毛上方依照眼睛的形状描画出流畅的外眼线。

♥ **Step 8**
在下睫毛的根部，用高光笔对下眼睑进行提亮。

♥ **Step 9**
用具有纤长效果的睫毛膏从睫毛根部以 Z 字形的手法涂刷睫毛。

♥ Step 10

量取等眼长的假睫毛，沿着睫毛根部贴上假睫毛。

♥ Step 11

将腮红打在颧骨上，并向斜上方晕染开。

♥ Step 12

选择裸粉色口红，依照少量、多次的原则在嘴唇上涂抹。

♥ 妆容贴士

银色是一种非常亮眼的色彩，所以作为辅助色彩与其他任何颜色搭配都可以起到提亮眼妆的效果。作为单色眼影使用，银色就可以搭配一款颜色亮丽的唇彩来提亮妆容。

♥ 单品推荐

① Etude House 染眉膏

② Jane Iredale Bling 丝绒珠光闪耀眼影盘

③ Laura Mercier 立体眉膏

④ Laneige 魅彩简易眼线笔

⑤ Burberry 自然唇彩

时髦——咖啡色　咖啡色眼妆释放美瞳魔法

　　咖啡色的醇厚如同一杯现磨的手工咖啡，色泽饱满，香气袭人。咖啡色为冰冷的寒冬注入一股温暖、醇香的热流，纯粹、丰盈的色泽时尚又不失沉稳，让人更增优雅、随性的气质。好感度百分百的咖啡色，能够帮你轻松打造出时髦的造型。

　　♥ 温暖的色调让整体妆容更加阳光、亲切，眼部使用的咖啡色眼影柔和、动人，完美释放出双眸的神采，同时起到放大双眼的效果，让眼睛变得更加明亮而有神。

**咖啡色服饰
单品推荐**

灰色长袖T恤

几何图案方巾

加厚羊毛开衫

拼色袜

纱质蓬蓬裙

复古剑桥包

木底粗跟双扣鞋

咖啡色系妆容步骤分解

♥ Step 1
用黑色眼线液笔画出基本上眼线，中段稍微加宽。

♥ Step 2
眼线尾端延长约 1cm 长度，作为睫毛的延展线。

♥ Step 3
选择深粉色作为眼妆的底色，让肤质变年轻。

♥ Step 4
将深粉色眼影扫在眼球凸起处并稍微向眼头晕开。

♥ Step 5
选择咖啡色作为强调眼窝的深色。

♥ Step 6
从眼线末端开始向眉骨下方提扫，画出眼窝。

♥ Step 7
将咖啡色眼影从眼尾紧贴眼线往前带，叠加在眼线之上。

♥ Step 8
选择白色纤维型睫毛膏，先增加睫毛的丰盈量。

♥ Step 9
换黑色睫毛膏再刷几次，遮盖白色纤维，实现睫毛的卷翘、浓密效果。

♥ Step 10

小面积接触下睫毛末端，使其延长、根根分明。

♥ Step 11

用棕色眼线笔描画出下眼线后半段，从后往前延长至瞳孔正下方。

♥ Step 12

用白色眼线笔提亮下眼线前半段，到瞳孔正下方停止。

♥ 妆容贴士

咖啡色稳重大气，常常被作为眼妆的底色来搭配其他明亮的色彩。咖啡色作为单色眼影使用，优雅而沉稳，搭配一款浅淡的暖色调唇彩则非常适合职业场合。

♥ 单品推荐

① Bare Minerals 自然四色眼影

② CPB（Clé de Peau Beauté）3 色眉粉

③ Laura Mercier 立体眉膏

④ Banila Co. 唇部打底膏

⑤ Make Up For Ever 防晕持久眼妆底霜

复古——砖红色　复刻时光打造复古美唇

　　砖红色充满了复古的爵士风情，给人浓郁、优雅的印象。比起精致的唇彩，唇膏像是用手指轻拍到嘴唇上一般，让唇部的轮廓感变得朦胧起来，如红丝绒般热情、浓烈。在这个冬季，就用带有光泽感的砖红色唇妆，来为妆容增加几分厚重、温暖的感觉吧！

❤ 砖红色唇膏如同熟透了的浆果般充满时尚感。想要效果更加别致，可在嘴唇中央点缀少许大红色唇彩，令双唇充满了无限的想象。

砖红色服饰单品推荐

条纹衬衫长裙

橘色毛呢帽

红色系羊毛围脖

Topshop 红色指甲油

皮质辫子发带

流苏平底短靴

方形硬皮手工包

砖红色系妆容步骤分解

♥ Step 1
上完底妆后选择深棕色的眉粉，用眉粉刷刷出眉毛形状。

♥ Step 2
选择浅棕色眼影，用眼影刷刷满整个上眼睑。

♥ Step 3
用黑色眼线笔沿着眼部线条描画出浓黑的眼线。

♥ Step 4
用小号眼影刷蘸取珠光白色的眼影描画出下眼线。

♥ Step 5
选择具有加强浓密感效果的睫毛膏刷卷睫毛，打造迷人电眼。

♥ Step 6
用镊子调整假睫毛的位置，使其自然、服帖。

♥ Step 7
用腮红刷将粉红色腮红轻轻涂刷在颧骨处。

♥ Step 8
用手指蘸取唇膏涂抹在嘴唇上，滋润唇部肌肤。

♥ Step 9
接着使用唇膏均匀地涂抹唇部。

♥ Step 10

然后使用复古的砖红色唇膏加深唇色。

♥ Step 11

再用化妆棉轻轻擦拭唇部，打造自然的雾面感。

♥ Step 12

最后用小号刷蘸取遮瑕膏修饰唇部周围的皮肤。

♥ 妆容贴士

砖红色明亮、妩媚，属于明亮系色彩，所以腮红和唇妆都不宜选择明显的红色，会显得做作且没重点，而只要强调自然光泽感即可。

♥ 单品推荐

① Shu Uemura 纤长假睫毛

② Koji Dolly Wink 假睫毛胶水

③ Elizabeth Arden 滋润持久润唇膏

④ Benefit 以假乱真睫毛膏

⑤ 3CE（3 Concert Eyes）橘色性感时尚唇彩

经典——墨绿色　巧妙晕染塑造迷情双眸

　　经典的墨绿色因其极高的饱和度所以不会让人觉得冷酷，只是更多了一份成熟。就像冬天里一枝独绿的松柏，历经岁月的洗礼，别有一番傲骨。巧妙晕染开的渐层色眼影，让双眸极具迷人风情。

　　❤ 大地色系的眼影因为有了墨绿色的加入，让眼眸顿时灵动了起来。有时候，并不用大面积用色，而恰到好处的点缀才是最聪明的化妆方法。

咖啡色服饰单品推荐

Samira 珍珠贝壳耳环

复古碎花收腰连衣裙

宝蓝色流苏围巾

复古宝石项链

简约廓型外套

经典墨绿色小包

黑色粗跟及踝短靴

墨绿色系妆容步骤分解

♥ Step 1

先画一条基础眼线，中后段适度加宽以突出眼部神采。

♥ Step 2

加强眼尾的上翘度，注意不要过度延长。

♥ Step 3

选择珠光白色的眼影作为瞳孔上方的提亮色使用。

♥ Step 4

扫在眼球凸起处并稍稍向眼头上方带过。

♥ Step 5

选择浅绿色眼影用来消除眼皮泛红。

♥ Step 6

以眼球凸起处为中间点，呈三角形晕扫并向两边过渡。

♥ Step 7

选择较深的绿色作为强调眼窝的深色使用。

♥ Step 8

叠扫在眼线根部并且在眼尾重点加宽，强调眼尾凹度。

♥ Step 9

选择金色作为下眼影的阴影色使用。

♥ Step 10

将金色眼影紧贴睫毛根部从眼尾往瞳孔下方晕扫，眼头位置留白。

♥ Step 11

用睫毛膏将睫毛刷翘，眼尾需重复多次刷出浓密感。

♥ Step 12

注意下睫毛只刷尖端即可，这样可以确保根部不晕染。

♥ 妆容贴士

如果说大面积的墨绿色有些沉重，那么搭配同色的浅色系眼影，就可以营造出分层晕染的效果，更具别致、迷人的视觉吸引力。

①

②

♥ 单品推荐

① NARS 女王眼线膏

② Dior 五色眼影

③ Mary Kay 腮红刷

④ Lancome 迷恋唇膏

⑤ NARS 绝世大眼防水睫毛膏

③

④

⑤

中性——靛蓝色　魅力烟熏演绎酷感妆容

　　靛蓝色纯粹、浓郁，散发着大自然的生命气息，厚重、淳朴、不做作。冷冽的色调与冬天的光洁相辅相成、浑然一体，看过春季、夏季、秋季的色彩缤纷，这一抹冷艳也许会更使人心动。

♥ 冷静、神秘的靛蓝色用于双眼，就像暗夜之星那样闪耀。靛蓝色眼影相互映衬出明亮的眼眸，轻易打造出极具魅力的烟熏妆容。

靛蓝色服饰
单品推荐

黑色毛呢帽

羔羊毛拼接卫衣

镂空链条手表

手提斜背两用包

格纹拼接大衣

及膝骑马靴

牛仔紧身裤

靓蓝色系妆容步骤分解

♥ Step 1
用眉粉刷蘸取深棕色眉粉，描画出眉毛的形状和轮廓。

♥ Step 2
接着用小号眼影刷蘸取靓蓝色眼影，涂刷上眼睑。

♥ Step 3
再用中号眼影刷从眼睛中间逐渐加宽眼影线条。

♥ Step 4
然后用大号眼影刷来回涂刷，使眼影自然晕开。

♥ Step 5
用黑色眼线笔沿着眼部线条描画出流畅的细长眼线。

♥ Step 6
用小号眼线笔蘸取同色系眼影，从下眼睑中间开始描画。

♥ Step 7
用眼影刷蘸取珠光白色眼影涂刷在眼角，提亮眼妆。

♥ Step 8
选择具有浓密、纤长效果的睫毛膏，仔细刷卷假睫毛。

♥ Step 9
用镊子调整假睫毛的位置，使其更加自然、服帖。

♥ Step 10

用腮红刷蘸取粉红色的腮红，斜刷在颧骨处。

♥ Step 11

然后用唇刷蘸取粉红色唇彩，均匀地涂刷在唇部。

♥ Step 12

最后涂一层亮色系的唇蜜，让双唇看起来更加饱满。

♥ 妆容贴士

　　靛蓝色色彩浓郁，如果配色最好选择浅色、明亮的色彩作为互补，用它来打造烟熏妆酷劲十足，比黑色更妖艳，比棕色更大胆。

♥ 单品推荐

① Physicians Formula
天然心形腮红

② CPB（Clé de Peau Beauté）
防水眼线凝霜

③ YSL（Yves Saint Laurent）
四色眼影精装盘

④ YSL（Yves Saint Laurent）迷魅唇膏

⑤ Too Faced 双头眉笔

高贵——正红色　让气质盛放的复古红唇

　　高贵的正红色，永远象征着正面和积极的正能量，所以它热情、霸道、让人无法抗拒。这样的色彩带有浓郁的 18 世纪复古风情，与冬日的冰冷和单纯形成强烈的对比，将女性的成熟美诠释得淋漓尽致。

❤ 复古是一种情怀，它本身就承载着古老、经典的文化以及温情的故事。用复古红唇作为妆容亮点，更能传递出你高贵、优雅的气质。

正红色服饰
单品推荐

正红色山茶花耳钉

几何图案衬衫

复古红色金扣手提包

蕾丝双层卫衣

宝蓝色尖头高跟鞋

荷叶边包臀裙

中袖系腰外套

正红色系妆容步骤分解

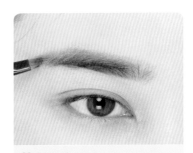

♥ Step 1
首先用眉粉刷蘸取眉粉描画出眉毛的形状和轮廓。

♥ Step 2
然后选择和发色相接近的染眉膏，提亮眉毛色泽。

♥ Step 3
选择裸色系的眼影，用眼影刷涂满上眼睑。

♥ Step 4
用眼影刷蘸取浅红色眼影，沿着眼部线条涂刷一层。

♥ Step 5
用黑色眼线笔描画出流畅的眼线，眼尾处线条上扬。

♥ Step 6
使用具有纤长、卷翘效果的睫毛膏，从睫毛的根部向外刷卷睫毛。

♥ Step 7
用腮红刷将粉色腮红涂刷在颧骨的位置。

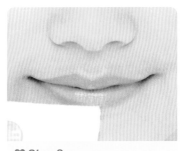

♥ Step 8
用卸妆棉擦拭掉嘴唇上的油脂，准备上唇色。

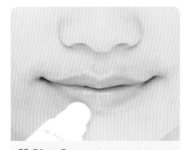

♥ Step 9
然后用润唇膏涂抹唇部，滋润唇部肌肤。

🖤 Step 10

接着将正红色的唇膏均匀地涂抹在唇部。

🖤 Step 11

然后用粉刷蘸取适量高光粉轻轻涂刷在唇部。

🖤 Step 12

最后用粉底刷蘸取适量遮瑕膏修饰嘴唇四周皮肤。

♥ 妆容贴士

正红色色彩明艳，单独使用能突出妆容的重点，所以眼妆和腮红不宜使用过于艳丽的色彩，以免喧宾夺主。

♥ 单品推荐

① Missha 丰盈细致双色眉粉

② 3CE（3 Concert Eyes）果冻滋润唇油

③ Dior 惊艳旋翘睫毛膏

④ Chanel 炫亮魅力口红

⑤ Revlon 经典长效保色眼线液

强势——黑色　掌握双眸的黑亮法则

　　自从 Chanel 第一次将黑色运用到礼服上，素雅、强势的黑色就瞬间俘获了很多巴黎名媛的心。比起繁复的花哨色彩，简洁、大方的黑色则更具有包罗万象的容纳度，刚强而坚硬的黑色恰如其分地衬托出了女性的柔美气质。

　　❤ 深邃大眼是每个女生追求的化妆重点，简单的黑色眼线以及眼影就能帮助你达到目标，不需要过多的黑色覆盖，只需轻轻几笔即可打造黑亮美眸。

黑色服饰
单品推荐

黑色线条衬衫

黑色纹理腰带 ◄

动物元素双环手镯

黑白抽象图案大衣

金底高跟鞋

局部褶皱长裙

黑色双拉链包

黑色系妆容步骤分解

♥ Step 1
选择米色眼影铺开眼窝，做眼妆的打底工作。

♥ Step 2
选择深色的眼影在眼头位置加深，注意留白瞳孔位置。

♥ Step 3
加深眼头后，再在眼尾处渲染加深。

♥ Step 4
用手蘸取高光粉轻抹眼皮中部，提亮瞳孔位置。

♥ Step 5
选择米色眼影在下眼线位置铺开做打底。

♥ Step 6
眼影刷蘸取黑色眼影沿着睫毛根部晕染下眼影。

♥ Step 7
描绘眼线时可以根据眼形填充眼角、拉长眼尾。

♥ Step 8
在描绘好眼线的基础上，在眼尾用眼影晕染。

♥ Step 9
黑色眼影在视觉上会淹没掉大部分的睫毛，所以假睫毛可以选择纤长型。

♥ Step 10

借助睫毛刷让真假睫毛粘合在
一起，视觉上更加自然。

♥ Step 11

腮红选择偏冷色的橘色更加贴
近整体色调。

♥ Step 12

唇彩可以选择接近腮红的颜
色，涂上唇彩即可。

♥ 妆容贴士

　　如果将黑色作为眼妆的
主色调，那么就不必再搭配
其他的颜色作为辅色。因为
任何辅色都会被黑色覆盖掉，
所以可以选择一款明亮色系
的唇彩来提亮妆效。

①

②

♥ 单品推荐

① Eylure 凯蒂佩里系列交叉款
假睫毛

② Estée Lauder 深邃眼线膏

③ Anna Sui 魔幻蝴蝶结眉粉盒

④ Benefit 高光液

⑤ YSL（Yves Saint Laurent）迷
魅纯漾润唇膏

③

④

⑤

解决 冬季妆容烦恼

如何解决妆后出现的干燥细纹

♥ Step 1
首先使用爽肤喷雾，轻轻喷在面部。

♥ Step 2
然后用喷雾将葫芦海绵粉扑打湿使用。

♥ Step 3
用葫芦海绵粉扑的尖头按压鼻翼等死角处。

♥ Step 4
然后再喷一次保湿喷雾，提升肌肤水分。

♥ Step 5
借助手掌的温度，轻拍面部至爽肤水被吸收。

♥ Step 6
用手指蘸取适量粉底膏均匀地点涂在面部。

♥ Step 7
再用指腹以打圈涂抹的方式将粉底均匀推开。

♥ Step 8
最后用大号蜜粉刷蘸取蜜粉，将粉底扫匀即可。

♥ 秘诀

化妆后，肌肤有可能因为流失水分而出现干燥细纹，需要及时补充水分。在基本护肤时，多次拍打爽肤水的补水方法，既简单又有效。

睡不够瞌睡眼如何通过眼线变有神

♥ Step 1

首先用含保湿精华的眼霜涂抹眼部周围。

♥ Step 2

然后用指腹轻轻地按压眼周的肌肤。

♥ Step 3

用手指蘸取粉底液均匀地点涂在面部。

♥ Step 4

再使用粉底刷将粉底涂刷得更加均匀。

♥ Step 5

然后在肌肤黯沉和痘印处涂上遮瑕膏。

♥ Step 6

用大号蜜粉刷蘸取蜜粉轻轻涂扫面部。

♥ Step 7

再用黑色眼线笔顺着睫毛根部描画眼线。

♥ Step 8

最后用手指蘸取明亮的唇彩涂抹在唇部即可。

♥ 秘诀

睡不够，眼睛容易浮肿，所以不能选择会晕色的眼线。利用清晰的黑色眼线描画眼睛的轮廓，让眼睛看起来更有神。

面部凹陷处如何提亮变饱满

♥ Step 1
首先用接近肤色的粉底液均匀地涂抹在面部。

♥ Step 2
然后选择一款浅色透亮的粉底膏，提亮肤色。

♥ Step 3
用乳液和粉底膏混合使用，使底妆更加贴合。

♥ Step 4
将适量的乳液和粉底膏挤在手背上混合均匀。

♥ Step 5
用指腹将混合的粉底液均匀涂抹在面部凹陷处。

♥ Step 6
然后用大号蜜粉刷蘸取蜜粉轻扫面部。

♥ Step 7
将高光粉轻轻刷在鼻梁处。

♥ Step 8
最后在脸颊处轻轻涂刷一层高光粉。

♥ 秘诀

在涂刷粉底时，额头和两颊处尽量使用颜色相对浅淡的粉底涂抹，这样可以提亮这些部位的肌肤色泽，使面部看起来更加饱满。

唇部干燥如何上色才能看不出唇纹

♥ **Step 1**

首先使用化妆棉按压嘴唇，消除多余油脂。

♥ **Step 2**

接着用指腹蘸取护唇霜，并将其均匀地涂抹在唇部。

♥ **Step 3**

用指腹对唇部进行适当按摩，充分滋润唇部。

♥ **Step 4**

用唇部专用底膏涂抹唇部，细化唇纹。

♥ **Step 5**

然后涂抹一层润唇膏，锁住唇部水分。

♥ **Step 6**

接着将桃红色的口红均匀地涂抹在唇部。

♥ **Step 7**

用唇刷来回涂刷唇部，使唇色更加饱满。

♥ **Step 8**

最后再将莹润、亮泽的唇蜜涂抹在唇部即可。

♥ **秘诀**

冬季嘴唇容易干燥、脱皮，上色也不容易涂抹均匀。除了做好基础的唇部护理，使用唇部专用底膏也可以很轻松地遮住唇纹，这样再上唇彩会更加莹润、亮泽。

让我们学习为自己的生活增添美和情趣！

享受妙趣横生的缝纫之旅吧，采集你最喜欢的好看面料，做成最有独特品质的你的时尚单品，收纳起纯纯的点滴感受，编织进你的缤纷"闺阁"……

心中切愿：通过各样小手工的制作，让淑女们既享受安宁静谧的假日生活，更让美丽的生活小家——处处营造着自然的味道、每每流露出淡雅的馨香……

无论是装饰家居，还是美化衣装，那淡定的女子就像天然的棉和亚麻，让人心宜，让人舒爽，让人可以呼吸，让人愿意亲近……

选择一个假日吧，做手工的时间多么安宁、多么温婉、多么娴静……

快乐手工艺术 时尚家居生活

一学就会的假日手工课

手做雪绒系儿童秋冬装
内附40款详细的裁剪制作方法。

手做枫叶系儿童秋冬装
内附40款详细的裁剪制作方法。

手做风铃系儿童春夏装
内附40款详细的裁剪制作方法。

手做清凉系儿童春夏装
内附40款详细的裁剪制作方法。

一学就会的混搭布艺
内附84款详细的裁剪制作方法。

手做花样小发饰
内附73款详细的裁剪制作方法。

手做香草系时尚小单品
内附42款详细的裁剪制作方法。

手做自然系亲子装
内附40款详细的裁剪制作方法。

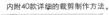

一学就会的田园布艺
内附84款详细的裁剪制作方法。

清纯的家居小布艺
内附84款详细的裁剪制作方法。

清雅的纸卷小工艺品
内附66款详细的制作方法。

清馨的环保小布包
内附70款详细的裁剪制作方法。